왜곡된 역사를 바로잡아 나서는 길

고추 전래의 진실

한국과학기술한림원

- 과학기술에 전문적 경륜과 식견을 가진 석학들을 회원으로 엄선, 각 부문별 전문성을 효율적으로 활용함으로써 국가 과학기술의 진흥과 창달에 기여하기 위해 1994년에 설립되었습니다.
- 2005년 기초과학연구진흥법 제11조(한국과학기술한림원의 설립 등)에 의거 법정기구화되었습니다.
- 독립성, 자율성 및 전문성을 바탕으로 하는 순수 민간 과학아카데미로, 편견 없는 대정부 정책자문을 통해 올바른 과학기술정책의 수립을 유도하고 있으며, 범부처적 국가 과학기술정책에 대한 자문과 건의를 통한 과학기술발전의 장기적 비전을 제시하고 있습니다.
- 우리나라의 과학기술 선진국 진입을 위한 기초 과학기술 진흥사업을 수행하고 있으며, 외국 한림원 및 과학기술 국제기구 등과의 학술교류를 통해 과학기술 민간외교의 중심체 역할을 담당하고 있습니다.

왜곡된 역사를 바로잡아 나서는 길
고추 전래의 진실

1판 1쇄 찍음 | 2017년 11월 15일
1판 1쇄 펴냄 | 2017년 11월 20일

지은이 | 권대영·정경란·양혜정
발행인 | 주정회
발행처 | 자유아카데미
등록 | 제 406-2003-017호, 1980. 7. 12

주소 | 경기도 파주시 회동길 37-42 파주출판도시
전화 | 031-955-1321
팩스 | 031-955-1322
홈페이지 | www.freeaca.com
전자우편 | main@freeaca.com(대표)
editor@freeaca.com(편집)
crm@freeaca.com(영업)

ISBN 979-11-5808-151-5 93590

한국과학기술한림원
『석학, 과학기술을 말하다』 시리즈 ㉘

왜곡된 역사를 바로잡아 나서는 길

고추 전래의 진실

• 권대영 · 정경란 · 양혜정 지음 •

자유아카데미

잘못된 정보와 역사를 바로잡는 것의 중요성

요즘에는 식품업에 종사하는 사람과 식품을 연구하는 식품과학자뿐만 아니라 일반 사람들도 음식과 식품에 관심이 많다. 음식 재료와 음식의 맛, 먹었을 때의 건강 등 음식에 관해 많은 대화를 나누며, 문화와 역사, 지역이나 관광을 할 때도 음식에 대한 이야기들을 많이 한다. 또한 식품학자뿐만 아니라 과학자, 한문학자, 언어학자, 역사학자, 지리학자, 예술가 등 누구나 자기 관점에서 음식에 대해 이야기하는 것을 좋아한다. 그런데 우리 주변에서 자주 언급되는 식품에 관련된 이야기가 항상 과학적인 진실이라고는 할 수 없다

일반 국민들은 식품에 관심은 많지만, 실제 우리가 접하는 음식 정보가 과학적 진실인지 아닌지를 구분하는 것은 쉽지 않다. 더욱 큰 문제는 식품에 관한 비과학적인 가짜 정보를 제대로 걸러내기가 어렵다는 것이다. 이러한 가짜 정보는 잠깐 동안은 식품발전이나 기업에 이득이 될 수 있지만 결과적으로 식품산업발전에 아무런 도움이 되지 않으며 더 나아가서는 국민의 건강에 해를 끼치는 경우도 많다. 또한 진실된 정보가 힘을 발휘하는 것을 방해하여 결국

우리나라 식품과 음식의 발달에 해를 끼칠 수도 있다. 따라서 국가에서 적극적으로 잘못된 정보를 바로잡고 국민을 보호하려고 노력해야 한다.

최근에는 식품과학기술이 많이 발달함에 따라 기술적이고 지식적인 토론과 연구를 거쳐 잘못된 정보가 많이 걸러지고 있다. 그런데 식품과 관련하여 역사나 문화 등에 대한 인문학적 측면이나 비과학적인 측면의 정보는 아직까지도 잘못된 것이 많이 남아 있다. 식품과학자들은 음식과 식품에 대하여 역사, 문화, 지리적 특성 등이 잘못되었다는 것을 어느 정도 의심하면서도 학문의 영역이 다르다는 이유로 과학적으로 검증하기를 꺼려하고 바로잡으려는 노력도 게을리하고 있다. 이것은 자연과학자들이 자기 영역만 주장하고, 자기 영역에 갇혀 있으려고 하는 경향과도 관련이 있다. 인문과학자의 주장이 과학적이냐 아니냐는 자연과학자의 도움 없이는 밝혀질 수 없는데도 서로의 영역에 대하여 같이 논하기를 꺼리기 때문이다.

갈릴레이(Galileo Galilei)가 말한 것처럼 '모든 것이 쉽게 이해되지 않으면 진리가 될 수 없다'. 즉 기존의 관점에서 사실이 쉽게 이해되지 않으면, 쉽게 이해할 수 있고 이해되는 진리를 찾으면 되는데, 기존의 주장이 쉽게 이해되지 않으니 이를 합리화하려고 가설을 만들어 내는 것은 진리를 찾는 학자들의 바른 태도가 아니다.

이 책에서는 '고추가 임진왜란 때 일본으로 들어왔다'는 주장이 어디서부터 문제인지, 그 주장의 허와 실을 하나하나 문헌적으로 과학적으로 분석해 나가는 과정을 보여 주고자 한다. 이러한 헛된 주장을 바로잡아 우리나라 음식의 역사와 문화에 대하여 바르게 이해하고 세계적인 음식과 식품으로 발전하는 데 기여하며 종국적으로 국가 발전에 기여하고자 한다.

우리나라에는 고추가 길게는 몇 백 만 년 전부터 짧게는 몇 만 년 전부터 우리 고유 품종으로 있었다.

끝으로 이 책이 나오기까지 적극 지원해 주신 한국과학기술한림원 이명철 원장님 이하 모든 직원들께 감사드리며, 자유아카데미에도 감사드린다.

2017년 11월

차례

② 고추의 탄생, 전파, 진화

③ 고문헌 분석을 통한 고추의 역사 바로 세우기

④ 농경학적 식품과학적 분석

개요

이 책에서는 우리나라의 대표 발효 식품인 김치와 고추장의 역사를 바로 알리고자 고추 기원의 역사를 현대과학적으로 재분석하고자 한다. 즉 농경학적으로 고추가 한반도에 어떻게 경작되고 주된 작물이 되었는지, 또 식품과학적으로 고추장과 김치가 어떻게 발견되고 발전되어 왔는지를 식품과학과 생명과학 등 현대과학과 고문헌을 분석하여 차례로 규명하고자 한다.

고추(red pepper, chilli, 학명 Capsicum)는 가지과(Solanaceae)의 일종으로, 토마토(Lycopersicon)와 기원이 같다고 본다. 요즘에는 유전자 분석기술이 발달하여 고추의 유전자 분석이 가능하고, 화석과 비교하면 고추가 지구상에 언제 나타났는지를 정확하게 알 수 있다. 지구의 역사가 약 50억 년이라면 2500만 년 훨씬 이전에 지구상에 가지과(Solanaceae)가 분화되었고, 가지(Solanum)와 고추(Capsicum)가 분화된 것은 1960만 년 전이다. 그리고 가지과에서 토마토(Lycopersicon)와 감자(Tuberosum)가 분화된 것은 694만 년 전으로 알려져 있다. 이와 같이 고추는 지구상에 인류가 나타나기 훨씬 이전(짧게는 100만 년, 길게는 400만 년)부터 지구상에 나타나서 전파되고 진화되었다. 현재 어느 지역에서 처음 고추가 분화하였는지는 알 수 없지만, 유전자 분석을 통하여 고추가 어떤 방향으로 진화되었는지는 알 수 있다.

현재 지구상에는 거의 100여 종의 고추가 재배되고 있는데, 이렇게 다양한 고추가 진화된 것은 적어도 수백만 년 전부터이다. 중국, 인도를 비롯한 아시아, 아프리카, 유럽, 아메리카 등의 모든 대륙에서 그들 고유의 다양한 품종의 고추가 재배되고 있다. 아시아에서는 전체적으로 보면 수십 종의 다른 고추가 재배되고 있는데, 민족이나 국가별로 보면 각각 다른 고유의 수 종의 고추가 특징적으로 재배되고 있다. 그러나 중남미에서는 국가별로 특정지어지지 않은 수십 종의 다양한 고추 품종이 자라고 있다. 중남미 고추 품종만 하더라도 거의 백여 종에 가깝다.

사람이 지구상에 나타나기 훨씬 이전인 1960만 년 전에 나타난 고추는 이어 다른 대륙에 전파되었는데, 최근 '네이처(Nature)'에 실린 논문[1]에 따르면, 새(avian)가 고추를 먹고 멀리 날아가 배설한 물질, 즉 똥속에 있던 고추씨가 전파되었다고 한다. 새에는 고추의 주성분인 캡사이신(capsaicin)의 자극을 느끼는 통각리셉터(TRPV1)가 없음을 밝힘으로써 새가 고추를 먹고 멀리 날아가 똥을 싸고, 그것에 의해 고추가 전파되었음을 알아낸 것이다. 참고로 포유류는 통각리셉터가 있어서 고추를 잘 먹지도, 또 멀리 날아가지도 못하여 포유류에 의해서는 지구상 광범위하게 고추가 전파되지 못하였을 것이다. 혹자는 고추가 각각 대륙에 전파되기 전에 진화가 먼저 일어나서 다양해졌을 것으로 논란을 부추기는데 고추가 한 장소에 머무른다면 진화가 일어날 필요성이 없을 것이다. 실제로 고추의 다양한 종으로의 진화는 고추가 지구상에 나타난 지 1500만 년 가량이 지나서, 즉 비교적 최근인 100~300만 년 전에 중점적으로 일어난 것으로 보인다. 고추씨가 새에 의하여 전파되어 새로운 기후, 풍토나 환경에 적응하기 위하여 다양하게 진화되었을 것이다. 유전자 분석 결과, 천만 년 이상 몇 개의 소수 품종을 유지하고 있다가 각 대륙에 퍼진 후 200만 년 전부터 급격히 다양한 품종으로 진화되었다고 볼 수 있다.

유전자 분석으로 고추의 진화 과정을 살펴보면, 우리나라 고추로 대표되는 매콤달콤한 고추(*Capsicum annuum*)와 중남미의 아히(aji)로 대표되는 매운 고추(*Capsicum baccatum*)가 분화된 것은 175만 년 전으로 알려졌다. 많은 사람들이 한반도에 언제 고추가 들어왔는지, 즉 조선 시대인지, 고려 시대인지 아니면 그 이전인지를 묻는 사람들이 많은데, 이는 지극히 인문학적인 이야기로 사람에 의해서만 고추가 전파되었을 것으로 생각하는 데에서 기인하는 것이다. 우리나라에서 계속 재배해 왔던 우리고추 품종의 유전자 분석 결과, 이미 47만 년 전에 우리나라에 분화된 고유의 품종으로 밝혀졌다. 즉 고추가 수백만 년 전에 우리나라에 들어온 후에 진화되어 두 품종으로 나누어졌는지 아니면 두 개의 매우 비슷한 다른 품종이 들어와서 오랫동안 우리나라에서 자라고 있었는지는 모르겠지만, 47만 년 전에 이미 두 종류의 고추가 존재하고 있었을 가능성이 높음을 알 수 있다. 유전자 분석 결과 두 고추가 매우 밀접한 것으로 보아서 다른 품종이 우리나라에 들어왔을 가능성보다 우리나라에 들어온 다음 진화되어 분화되었을 가능성도 있다. 만일 그렇다면 우리나라에는 고추가 적어도 47만 년 전보다 훨씬 이전인 수백만 년 전에 유입되었을 가능성이 성립된다.

흔히 콜럼버스(Christopher Columbus)가 신대륙을 발견할 때 고추를 유럽으로 가져갔다고 하는 사실을 들어 1492년 이전에는 아시아에 고추가 없었다고 주장하는 사람이 있으나 이는 논법의 비약이 될 수 있다. 이 논법은 고추의 품종이 담배와 같이 한두 품종으로 다양성이 없을 때 성립될 수 있다. 콜럼버스가 고추를 중남미에서 갖고 가서 스페인에 전파하였다는 사실을 부정할 만한 과학적인 증거는 없다. 확실한 것은 몇몇 사람이 주장하는 것으로 콜럼버스가 유럽에 갖고 들어간 고추가 진화되어 아시아에 다양한 수백 종의 고추로 전파되었다는 주장은 공간적으로나 시간적으로나 성립될 수 없다. 유전자 분석 결과 이렇게 다양한 고추의 품종으로 진화하기까지는 적어도 수백 년이 아니라 수백만 년이 걸리기 때문이다. 우리나라 고추의 두 가지 품종이 매우 유사함에도 불구하고 거의 50만 년 전에 분화된 것으로 볼 때 일이백 년 내에 아히가 우리 품종으로 진화될 수 없다. 콜럼버스는 유럽에 한두 품종만 갖고 들어갔으며, 백여 종의 다양한 품종을 갖고 유럽에 들어가서 각 나라의 풍토나 기후에 아주 딱 맞게 나누어 줄 정도로 당시에는 과학도 발달하지 않았다. 따라서 중남미 고추, 특히 아히를 1492년에 콜럼버스가 유럽에 갖고 들어가서 인도, 일본을 거쳐서 1592년 임진왜란 때 우리나라에 들어와서 우리고추로 되었다는 것은 생물학적으로 전혀 성립될 수 없는 주장이다.

중남미에서는 다양한 고추가 야생에서도 자라고 있고 동양에서는 다양한 고추가 재배되지 않고 있다고 하여 고추의 원산지가 중남미라고 주장하는 사람이 있는데, 이것은 어느 정도 타당성이 있다고 볼 수 있으나 꼭 과학적인 근거에 기반한다고 볼 수는 없다. 다만 인도, 중국, 한국 등 아시아에서는 중남미와 달리 나라별로 각각 다른 한두 품종의 고추가 집중 재배되고 있는데, 이것은 수천 년 전부터 오랫동안 그 고추에 맞는 음식이 발달하였기 때문이다. 즉 식품학적으로 필요에 따라 그 식품에 맞는 고추가 재배되다 보니 다양한 품종을 재배하기보다는 한두 가지 품종을 집중적으로 재배한 결과로 보인다.

한편 고추가 임진왜란 때 일본을 통해서 우리나라에 들어왔다는 기록은 단 하나도 없다. 또한 문헌학적으로도 임진왜란 이전의 수많은 문헌에 고추〔椒〕와 김치〔菹〕, 고추장〔椒醬〕에 대한 기록이 나온다. 고추가 임진왜란 때 일본을 통해서 우리나라에 들어왔다는 기록은 없으며 오히려 우리나라에서 일본으로 들어갔다는 기록은 많다.

유전학적으로 고추가 우리나라에 들어와서 진화되고 우리고추가 되려면 수백만 년이 걸리고, 농경학적으로 고추가 임진왜란 때 들어와서 우리나라 전국에서 재배되려면 수백 년이 걸리며, 식품학적으로 우리고추 품종에서 고추장과 김치를 동시에 발견하여 전국적으로 알려진 대표식품으로 발전하려면 수백-수천 년이 걸린다. 과학적인 사실 측면에서 고추 계통수 그림을 보면 멕시코 고추(*Capsicum baccatum*)는 우리나라 고추(*Capsicum annuum*)보다 훨씬 나중에 진화된 것이므로, 역으로 멕시코 고추가 우리나라 고추로 진화하였다는 주장은 있을 수 없는 일이다.

이러한 사실들은 고문헌에 나오는 고추, 고추장과 김치를 있는 그대로 받아들이는 데 큰 도움이 되며, 그 문헌을 아주 쉽게 이해하는 데도 큰 도움이 될 것이다. 생물학적으로 결론을 내리면 우리나라에는 고추가 길게는 몇 백만 년 전부터 짧게는 몇 만 년 전부터 우리 고유 품종으로 있었다.

1

잘못된 설 때문에 왜곡되어 버린 우리 식품 역사

1. 이성우의 고추의 임진왜란 일본 도입설
2. 다른 고추 도입설
3. 고추의 임진왜란 때 일본 도입설을 위한 온갖 설들
4. 고추 관련 우리 식품 왜곡
5. 고추, 비빔밥, 김치의 어원 왜곡

식품이나 음식에서 과학적이지 못하거나 잘못된 이야기들은 우리 식품을 이해하는 데 큰 걸림돌로 작용한다. 잘못된 정보를 여기서 모두 다루는 것은 불가능하므로, 이성우가 주장한 '고추가 임진왜란 때 일본으로부터 들어왔다'[2]를 중심으로 살펴보고자 한다.

참고로 우리나라의 식문화에 대하여 맨 처음에 학문적 주춧돌을 놓은 사람은 서울대학교 농과대학에서 생화학을 가르쳤던 이춘영(李春寧) 교수이다. 그 뒤로 가톨릭대학교 장지현(張智賢) 교수, 한양대학교 이성우(李盛雨) 교수가 식문화를 개척하는 데 큰 공을 세웠다. 이 분들의 공통점은 현대 교육과정을 이수하였으면서도 한자에 조예가 깊은 분들이라는 것이다. 특히 이성우는 1950년도에 서울대학교 농화학과를 졸업하고, 일본으로 건너가 원예학과 과학사 연구를 연구하다가 귀국하여 대구대학에서 석사를, 1971년 부산대학교에서 고추의 갈변에 관하여 박사학위를 받았다. 그는 경북대학, 효성여자대학, 영남대학을 거쳐 1976년부터 한양대학교 식품영양학과에서 교수를 역임한 학자로, 우리나라 식문화 개척에 독보적인 존재였다. 그의 주요 저서로는 한국식경대전(1981)을 비롯하여 한국식품문화사(1984), 한국식품사회사(1984), 한국요리문화사(1985), 한국의 민속주(1991), 식생활과 문화(1992), 한국식생활의 역사(1992), 한국고식문헌집성(1992) 등이 있다. 따라서 당시에 그의 주장은 아무나 범접할 수 없는 위치에 있었다고 본다.

이성우가 1492년 콜럼버스에 의하여 고추가 서인도 제도에서 포르투갈로 들어갔다가 100년 동안 인도 등을 거쳐 일본을 통하여 임진왜란 때(1592년) 우리나라에 들어왔을 가능성이 있다는 소위 '고추의 임진왜란 때 일본 도입설'[2]을 주장하기 전까지는 대부분의 사람들은 고추가 당연히 중국을 비롯한 동아시아에 있었을 것이고 중국을 통하여 들어왔을 것으로 생각하고 있었다(동아일보 1937년 9월 17일, 경향신문 1966년 2월 23일). 그런데 '중국에서도 15세기 이전에는 고추가 없었고 고추가 일본을 통해서 들어왔다'는 이성우의 새로운 주장은 기존 관념을 깨는 현대 학문으로 인식되어 국민들에게 큰 반향을 불러일으켰다. 그래서 모든 사람들이 고추의 임진왜란 일본 도입설을 진실처럼 믿게 되어 고추, 김치, 고추장, 비빔밥, 떡볶이 등 지금까지 우리나라의 모든 식품 역사가 이 통설에 함몰되어 미천한 역사를 갖는 식품으로 왜곡되어 버렸다. 아무도 이성우의 이 설에 도전하는 사람은 없었고 오히려 그 제자들은 고문학적, 식품학적, 농경학적 모순점을 발견하고도 그 모순점을 덮으려는 새로운 설, 즉 고추독살설, 후추고추장설, 백김치설, 역수출설, 우리민족 우수설 등을 꾸준히 만들어 내어 우리 식품의 역사와 가치를 깎아내리기도 하였다. 심지어 식품과학자들도 이 논문[2]을 한 번 읽어 보면 이 설이 아무 근거가 없음을 알 수 있음에도 제대로 보지도 않고 그대로 베껴 쓰기 시작하면서 정설인양 굳어지게 된다.

여기서는 고추의 임진왜란 때 일본에서 들어왔다는 주장을 누가 어떻게 하였는지, 또 그 주장이 얼마나 많은 파장을 일으켰는지, 그리고 그 배경에 대하여 먼저 설명하고자 한다.

1. 이성우의 고추의 임진왜란 일본 도입설

이성우는 임진왜란 때 일본에서 고추가 들어왔다고 주장하면서 몇 가지 근거를 든다[2]. 첫 번째로 이수광(李睟光)의 '지봉유설(芝峯類說)'이다(그림 1).

> "南蠻椒有大毒, 始自倭國來, 故俗呼倭芥子 今往往種之酒家 利其猛烈 或和燒酒以市之 飮者多死 – 남만초에는 독이 있다. 일본에서 건너온 것이라 그 이름을 왜개자라고 한다. 지금은 이것을 가끔 심는데 술집에서는 매운 것을 이용한다. 또는 소주에 타서 팔기도 하는데 이것을 마시다 죽는 자가 다수 있었다"

두 번째로 이성우는 번초(番椒 또는 南蠻椒)가 1596년 이시진(李時珍)이 저술한 의서(醫書)인 중국의 본초강목(本草綱目)에 나오지 않는디고 근거를 들었다. 참고로 중국의 시경(詩經)(BC 551~479년)에 고초를 나타내는 '椒(초)는 시경 등에 "椒聊之實 蕃衍盈升 彼其之子 碩大無朋 椒聊且 遠條且."가 다수 나옴(詩經/국풍(國風)/당(唐)/초료(椒聊))에도 불구하고 오로지 중국에서 고추의 일종인 남아시아 고

그림 1　이수광의 지봉유설(1614년)

추를 부르는 고추 이름(번초, 남만초)이 본초강목에 나오지 않는다는 이유를 들어 중남미산 아히(aji)라는 고추가 콜럼버스에 의해 유럽으로 전해진 다음 일본을 통하여 한국, 중국으로 전해졌다고 주장하게 된다.

이 책의 뒤의 문헌분석 편에서 그들의 주장에 근거(지봉유설 등)가 '고추가 임진왜란 때 일본에서 들어왔다'는 증거가 될 수 없다는 것을 자세히 다루고자 한다.

여기서 잠깐 언급하면, 지봉유설의 남만초는 말 그대로 남만초(南蠻椒)이다. 즉 지금의 태국, 인도네시아 등 중국에서 보면 남쪽 지방의 오랑캐〔南蠻〕들이 먹었던 고추이다. 우리나라 고추가 아니다. '남만초를 술에 타 먹다가 죽은 사람이 있었다'는 내용은 아주 매운 남만초를 잘 모르고 우리고추와 같이 술에 타 먹다가 죽었다는 내용이다. 이미 우리는 우리고추를 소주에 타 먹는 습관이 있었기 때문에(점필재집(佔畢齋集), 김종직(金宗直), 1497), 태국고추와 같이 매운 남만초를 우리고추와 같이 술에 타 먹다 죽는 일이 발생한 것이다. 죽는 일이 발생하였기 때문에 지봉유설에 기록된 것이다. 따라서 지봉유설을 과학적으로 분석해 보면 남만초가 들어왔다는 이야기이고, 오히려 우리고추가 있었다는 주장이다.

이성우는 처음에 고추가 임진왜란 때 일본에서 들어왔을 것으로 추정하였고, 이후 추가적으로 결정적인 증거를 확보하지 못한 채 그가 집필한 모든 문헌과 책에 '고추는 임진왜란 이후 일본으로부터 들어왔다'고 기정사실화해 버린다. 그리고 문헌에 나오는 모든 한자 초(椒, 고쵸)는 일률적으로 후추, 산초 등으로 번역하며, 결국 식품학적, 농경학적으로 스스로 함정에 빠지고 이를 합리화하기 위하여 김치는 임진왜란 전에는 백김치밖에 없다고 주장함과 동시에 순창고추장도 후추고추장이라는 주장까지 하게 된다[3,4].

2. 다른 고추 도입설

사실 이성우 이전에 몇몇 사람들도 담배, 고구마 등과 함께 고추도 임진왜란 때 일본에서 우리나라에 들어왔을 것이라고 주장하였다. 임진왜란 시기에 모든 작물이 한 번에 일본을 통하여 들어왔다는 것이 상당 부분 사실인 것도 있지만 전쟁에 의해서만 들어온다는 일방적인 주장에는 동의할 수 없다. 그 당시에 조선은 중국과도 꾸준히 교류하였기 때문에 일본으로부터 모든 작물들이 들어왔을 개연성은 그리 높지 않다. 심지어 어떤 이는 임진왜란 때 서양 문물이 우리나라를 통하여 중국의 명나라로 들어갔다고 주장하는 사람도 있는데 이도 터무니없는 일방적인 주장일 가능성이 높다. 중국과 교류하였던 나라가 우리나라〔東夷〕만 있는 것도 아니고 남만(南蠻)도 있고 서역〔西胡〕도 있기 때문에 모든 것이 일본과 우리나라를 통하여 중국에 들어갔다는 주장은 맞지 않다. 아무튼 해방 전후에 몇몇 학자들이 고추가 임진왜란 때 일본을 통하여 들어왔다는 상식에서 벗어난 주장에 오히려 충격과 신선함을 느껴 쉽게 받아들이기에 충분했을지라도 현대 과학으로 증명하기에는 충분하지 않다. 먼저 임진왜란 때 고추가 들어왔다는 주장을 최초로 한 최남선(崔南善)의 글을 살펴보고자 한다.

● 최남선(崔南善)

육당 최남선은 그 당시 일본 와세다대학을 졸업한 학자이자 소설가이다. 그의 저서 고사통(故事通)(최남선, 1943년)(그림 2)에서 비록 아무런 근거를 제시하지 못하였지만 우리나라 고추에 대하여 언급하면서 번초와 남만초와 같은 것으로 간주하여 일본에서 토마토, 담배와 같이 일본군을 따라 들어왔을 것이라고 주장하였다[5].

"苦椒는熱帶地方原産의多年生나무로서 溫帶에도適宜하야 널리栽培되지만은 一年生풀이되고 만다. 苦椒는南方의原産地에서도調味料로愛用되거니와 시방와서는朝鮮人이그가장嗜好子로 들리게되얏다. 苦椒의初傳도煙草와함께日本軍을 짜

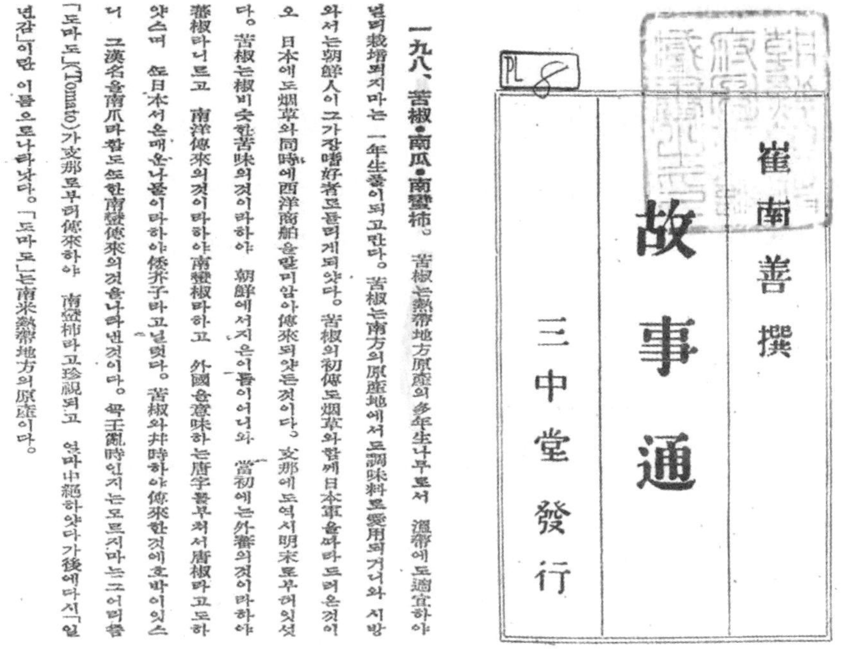

崔南善撰

故事通

三中堂發行

一九八、苦椒·南瓜·南蠻柿。 苦椒는熱帶地方原産의多年生나무로서 溫帶에도適宜하야 널리栽培되지마는 一年生풀이되고만다。 苦椒는南方의原産地에서도調味料로愛用되거니와 서방와서는朝鮮人이그가장嗜好者로들미게되얏다。 苦椒의初傳도烟草와함께日本軍을따라드러온것이오 日本에도烟草와同時에西洋商船을말미암아傳來되얏든것이다。 支那에도역시明末로부터잇섯다。 苦椒는椒비슷한苦味의것이라하야 朝鮮에서지은이름이어니와 當初에는外蕃의것이라하야蕃椒라니르고 南洋傳來의것이라하야南蠻椒라하고 外國을意味하는唐字를부쳐서唐椒라고도하얏스며 또日本서온매운나물이라하야倭芥子라고닐럿다。 苦椒와幷時하야傳來한것에호박이잇스니 그漢名을南瓜라함도또한南蠻傳來의것을나타낸것이다。 목王亂時인지는모르지마는그어떠좁「도마도」(Tomato)가支那로부터傳來하야 南蠻柿라고珍視되고 얼마中絶하얏다가後에다시「일년감」이란 이름으로나타낫다。「도마도」는南米熱帶地方의原産이다。

그림 2　최남선의 고사통(故事通, 1943년)의 내용

라드러온것이오 日本에도煙草와同時에西洋商船을말미암아傳來되얏든것이다. 支那에도역시明末로부터잇섯다. 苦椒는椒비슷한苦味의 것이라하야 朝鮮에서지은이름이어니와 當初에는外蕃의것이라하야蕃椒라니르고 南洋傳來의 것이라하야南蠻椒라하고 外國을의미하는唐字를부쳐서唐椒라고도하얏스며 또일본서온매운나물이라하야倭芥子라고닐럿다".

최남선의 주장은 생물학적으로 타당한지, 문헌적으로 뒷받침되는지 아닌지 여부를 떠나서 이후에 많은 학자들에게 영향을 주었을 것으로 생각된다. 그 주장 중 고추가 번초(番椒), 남만초(南蠻椒), 당초(唐椒)로 불리다가 쓴 맛〔苦味〕이 난다고 하여 우리나라에서 苦椒(고초)라고 불렀다는 것은 전혀 과학적이지 않다. 고추는 매운맛〔辛味〕을 나타내지 쓴맛은 거의 없다. 오히려 임진왜란 전의 문헌인 훈몽자회(訓蒙字會)(최세진(崔世珍), 1527)(그림 3)에 순수 우리말로 고쵸〔椒〕(고추)라는 글이 있으므로 고추는 순수 우리말이지 쓴 맛이 나서 고초라 하였다는 것은 진실이 아니다. 다만 고추는 열대지방에서는 다년생이지만 온대지방에서는 일년생으로 자란다는 것은 생물학적으로 맞다. 그러나 다년생이 진화되어 일년생이 되었다는 주장은 확실하지 않다. 왜냐하면 고추와 가지

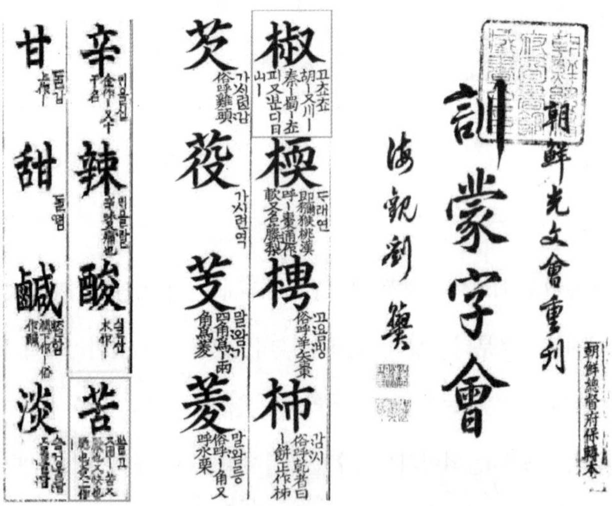

그림 3 최세진의 훈몽자회(訓蒙字會)(1527년). 초(椒)를 뜻하는 말로 고쵸라고 나오며, 이 고추는 호초, 진초, 천초, 촉초 등으로도 쓰이고 있음
서거정의 유합(類合)(1478년 이전)에서도 초를 뜻하는 말로 고쵸가 나옴. 그 당시에 쓰인 머루, 고염, 딸기, 감, 밤, 오디, 다래, 매실, 가시연(맨드라미) 등 현재까지 그대로 쓰이고 있음

는 씨로 널리 퍼지며 자라지만 열대지방에서는 서리가 내리지 않으므로 목질화되어 다년생이 되기 때문이다. 물론 최남선의 그 다음의 내용도 언어학적으로 비과학적이다.[6] 자세한 고찰은 다음 장에 언급할 예정이다.

● 이춘녕(李春寧)

이춘녕은 서울대학교 농과대학 학장을 지낸 교수로 이조농업기술사(李朝農業技術史)[7]에서 이규경(李圭景)의 오주연문장전산고(五洲衍文長箋散稿)(1788~1863년)를 근거로 하여 고추라고 생각되는 번초가 임진왜란 이후 일본에서 들어왔다고 하여 고추가 임진왜란 중이나 그 전후에 들어왔을 것이라고 주장하였다. 이춘녕의 주장은 매우 짧으나 구체적인 근거문헌을 제시하고 있다. 아마 이춘녕은 최남선의 내용을 뒷받침하는 문헌을 찾아보려고 노력한 끝에 오주연문장전산고에서 근거를 찾은 것으로 보인다.

> 「오주연문장전산고(五洲衍文長箋散稿)」「번초남과변증설(番椒南瓜辨證說)」 중 "番椒者. 鄕名苦草. … 故番椒或稱南蠻椒. … 番椒則未載焉. 番椒與南瓜. 來于我東. 則在於宣廟壬辰之後. 與煙草同出. 自倭國及中原流傳三種. 始播一國."

이춘녕이 주장하는 이 책과 논문에서도 고추의 종류인 번초 또는 남만초가 들어왔으며 담배, 토마토도 임진왜란 전후에 들어왔다는 내용이 나온다(그림 4). 이 책에서도 분명 인도나 티베트 지방의 고추를 나타내는 번초(番椒)가 들어왔다는 것인데 태국 등 동남아시아의 고추를 나타내는 남만초(南蠻椒)와 혼돈하여 쓰고 있다. 눈여겨볼 것은 이때 들어온 번초와 우리나라 고추가 한 품종이냐 아니면 다른 품종이냐의 논란이다. 여기서 보면 고추의 일종인 번초가 들어왔다는 것으로 볼 수 있다. 특히 같은 책의 다른 문장을 보면 더욱 확실하다.

> 「오주연문장전산고(五洲衍文長箋散稿)」「물산변증설」 중/만물편(萬物篇)/초목류(草木類)/채종(菜種)/번초남과변증설(番椒南瓜辨證說) "名椒醬. 出淳昌郡及天安郡者. 名于一國. – 중략 – 近間我椒貨于倭館則其利甚夥云"(유명한 고추장이라고 한다. 순창군 천안군에 나오는데, 한나라에 이름이 났다 – 중략 – 요사이 우리고추(我椒)는 품질이 좋아 왜관에 팔면 심히 이익이 난다.)

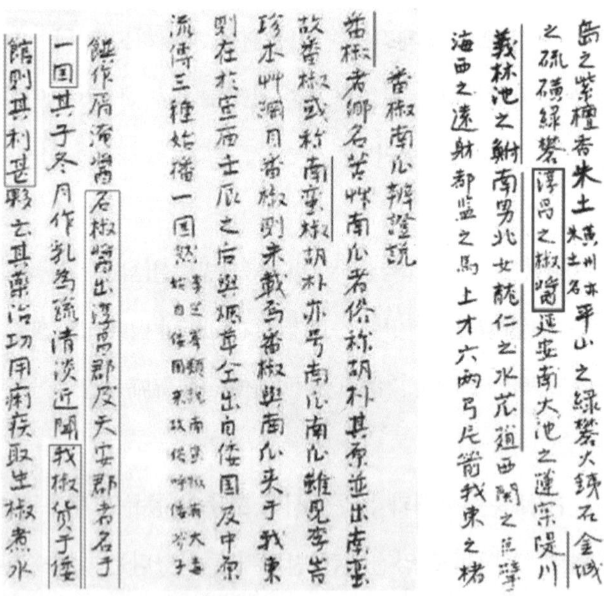

그림 4 이규경(1788~1863년)의 오주연문장전산고(五洲衍文長箋散稿), 번초남과변증설(番椒南瓜辨證說)에는 번초와 순창고추장에 대한 기록이 나오며, 번초와 비교하여 우리나라 고초에 대한 기록이 나옴

이 책에서는 사람이 죽을 정도로 매운 번초에 대하여 언급하고 바로 뒤에 우리나라 고추〔我椒〕를 언급하고 있다. 그런데 이성우는 고추를 한 품종으로 생각하여 오주연문장전산고의 뒤의 문장은 무시하고 고추가 임진왜란 때 일본에서 들어왔다고 주장한다. 그런데 이 책에서는 번초(蕃椒)와 우리나라 고추〔我椒〕를 구분하여 기록하였다. 아시아에 있는 고추가 한 품종이라면, 즉 아초와 번초가 같다면 이성우의 주장이 맞다. 그러나 번초, 남만초, 우리나라 고추가 품종이 다르다면 고추의 일본 도입설은 틀린 것이다. 따라서 현존하는 고추가 한 품종인지 아닌지, 아시아에는 한 품종만 있었는지는 품종학적, 생물학적으로 분석하면 금방 알게 될 것이다. 따라서 고추의 품종과 진화에 대하여 생물학적으로 연구하는 것은 고추의 일본 도입설의 진위를 판별하는 데 매우 중요하다. 콜럼버스가 유럽으로 중남미에서 한 종류의 고추를 들고 유럽으로 건너가고 그것이 일본을 통하여 임진왜란 때 우리나라에 들어왔다고 주장하려면 생물학적 데이터가 뒷받침되어야 한다. 어쨌든 그들이 주장하는 임진왜란 때 일본에서 고추가 들어왔다고 근거로 드는 지봉유설과 오주연문장전산고는 오히려 고추가 우리나라에 오래전부터 있었다는 근거가 된다.

● 장지현(張智鉉)

장지현은 한국전래발효식품사연구(寒國傳來醱酵食品史硏究)[8]에서 이성우의 주장, 즉 고추가 임진왜란 때 일본으로부터 들어왔다는 설(남방전래설)의 문제점과 많은 일본 문헌에 고추는 조선에서 일본으로 들어왔다는 기록의 북방전래설을 대화본초(大和本草)(1709년), 다문원일기(多聞院日記)(1593년)(그림 5), 화한삼재도회(和漢三才圖會)(1712년), 물류칭호(物類稱呼)(1775년), 왜훈간(倭訓刊)(1770년), 초목육부경종법(草木六部耕種法)(1820년) 등의 고문헌을 통해 면밀히 검토하여 서로 모순되는 점을 발견하고 이들의 주장을 타협하는 '역수출설'을 주장하게 된다.

즉 일본에 1540년경에 먼저 전래된 번초가 한국에 들어가 고추가 되었다는 설(남방전래설)과 조선으로부터 고추가 일본으로 들어갔다는 설(북방전래설)은 처음부터 양립할 수 없었음에도 장지현은 두 설을 양립시키려고 노력하였다. 결국 번초가 일본에서 조선으로 들어온 것을 1532~1555년 이후 임진왜란 이전으로 가정하고, 우리나라에서 다시 고추가 도요토미 히데요시(豐臣秀吉)(1592~1598)에 의해 역수입되어 일본으로 건너갔다고 기이한 주장을 하게 된

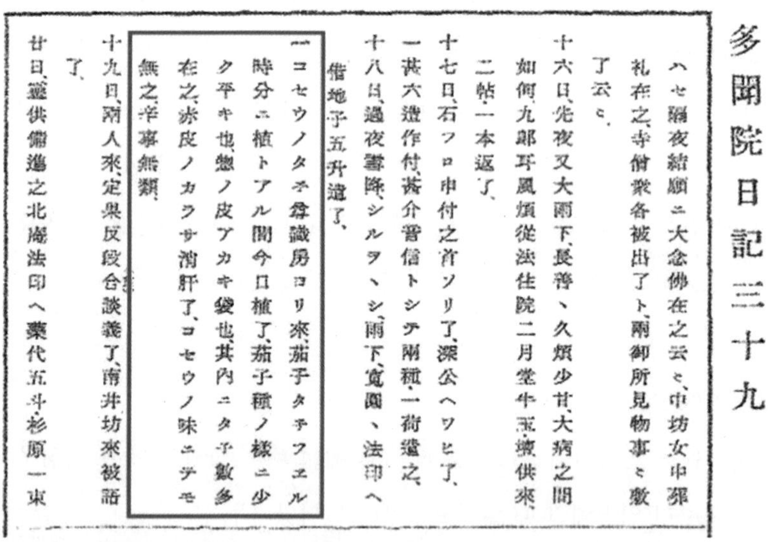
多聞院日記三十九

ハセ羅夜結願ニ大念佛在之云々、中坊女中衆
札在之、寺僧衆各被出了ト、兩御所見物事々敷
了云々、
十六日、先夜又大雨下、長脊、久煩少甘、大病之間
如何九郎耳風煩從法住院二月堂牛玉壊供來、
二帖一本返了、
十七日、石フロ申付之育ソリ了、深公ヘツヒ了、
一甚六遣作付、茜介警信トシテ兩種一荷遣之、
十八日、過夜害降、シルヲ、シ、雨下、寛園、法印へ
借地子五升遣了、
一コセウノタチ鋒識房ヨリ來、茄子タチフエル
時分ニ植トアル間今日植了、茄子種ノ様ニ少
クヰキ也、惣ノ皮アカキ袋也、其内ニタチ數多
在之、赤皮ノカラサ消肝了、コセウノ味ニテモ
無之辛事無類、
十九日、兩人來、定果反段合談義了、南井坊來被語
了、
廿日、薑供備進之北﨑法印ヘ藥代五斗杉原一束

그림 5 일본의 다문원일기(多聞院日記)(1593년). '도요데미 히데요시가 조선으로부터 고추를 가져왔는데 맵기가 비교할 바 없고, 씨는 가지씨와 비슷하고 껍질은 붉으며 자루 모양이다'라는 기록이 있음

다.[8] 그러나 임진왜란 전이라면 왜 일본에서 조선으로 고추가 들어왔는지의 당위성을 설명하지 못하는 등 여러 가지 설명되지 않는 부분이 많다. 그러면서 장지현은 허균(許筠, 1569-1618)의 도문대작(屠門大嚼)(1611)에 고추장을 나타내는 초시(椒豉)가 기록된 점을 보고 고추가 임진왜란 때 일본으로부터 들어왔다는 설의 이상한 점을 발견하고도 이를 부정하지 못한다. 오히려 고추는 임진왜란 훨씬 이전(1540년경 후에)에 우리나라에 들어왔음이 분명하다고 자신의 주장을 뒷받침하려 하였다. 그러나 고추가 일본에서 1540년경에 들어와서 언제 고추재배법이 알려지고 더 나아가서 그것을 이용하여 1611년의 도문대작에 나올 정도로 유명한 고추장이 될 수 있겠는가?

● 홍윤표

국어학자인 홍윤표는 구급간이방(救急簡易方)(1489년)과 훈몽자회(訓蒙字會)(그림 3)에 한자 초(椒)가 한글(고쵸)과 함께 그대로 나온 점을 들어 고추는 조선 시대 이전에 우리나라에 존재하였을 것이라고 주장하였다.[9] 이 주장과 같이 문헌에 나오는 고추를 그대로 인식하면 된다. 즉 고쵸를 고추로 인식하면 된다. 그런데 이성우와 그 제자들은 여기에 나오는 고쵸[椒]가 고추가 아니고 산초, 후추라고 주장한다. 단지 고추가 임진왜란 때 들어왔다는 것을 지키려고 훈몽자회에 나오는 고쵸가 고추가 아니라고 주장한 것이다. 그들이 고추가 임진왜란 때 일본으로부터 들어왔다는 주장을 계속하려면 훈몽자회의 고쵸가 고추가 아니라는 논리적인 증거를 먼저 제시하여야 할 것이다.

3. 고추의 임진왜란 때 일본 도입설을 위한 온갖 설들

이춘녕의 경우 고추의 일본 도입설을 가정에 놓고 이를 뒷받침할 수 있는 고문헌을 찾아보려는 노력을 하였다. 하지만 이러한 학술적 노력도 거기까지였다. 고추 일본 도입설은 농경학적, 식품학적, 생물학적으로 많은 논리적 결함에도 불구하고, 이를 주장하는 학자들은 그 주장의 논리적인 문제점을 합리화하기 위해 또 다른 많은 설들을 만들어 냈다. 앞에서 장지현의 소위 역수출설도 일본 문헌에 고추가 조선에 들어왔다는 것이 다수 나오기 때문에 고추의 임진왜란 때 일본 도입설의 허황성을 깨닫고 이를 감추기 위해 만들어 낸 설에 불과하다. 이러한 설들의 잘못된 점을 살펴보겠다.

● 고추 독살설

일반적으로 음식 소재를 갖고 들어올 때는 그 음식 소재로 만든 음식이 그 민족이나 종족에게 있어야 한다. 1960~1970년대에 미국으로 이민 간 사람들이 꼭 가져가고, 이후에도 미국에 이민 간 가족이나 친척에게 보내주었던 것이 고춧가루였다. 왜냐하면 미국에서도 한국인은 김치를 담가 먹어야 하기 때문이다. 마찬가지로 임진왜란 때, 일본군이 식재료인 고추를 한국에 갖고 들어왔다면 일본에는 전통적으로 고추로 만든 음식이 있어야 하는데 없고, 오히려 우리나라와 중국에는 고추로 만든 식품이 있다. 따라서 일본에는 고추로 만든 음식이 없어서 병사들이 고추를 가지고 올 필요가 없는데 무엇 때문에 고추를 갖고 들어왔을까 하는 당연한 반론이 제기된다. 이에 이성우는 지봉유설의 남만초를 술에 타 먹었다는 글을 확대해서 우리 민족을 독살하려고 고추

〔番椒 또는 南蠻椒〕를 갖고 들어왔다는 '독살론'을 주장하게 된다[10,11].

그 당시 일본군은 이미 화력이 좋은 조총을 갖고 있었는데, 번초를 화학 무기로 갖고 들어왔다는 것은 효력이 없는 전혀 무가치한 주장이다. 이성우의 제자 일부는 스승의 주장을 뒷받침하려고 또 다른 주장을 하게 된다. 예를 들어 임진왜란 때, 행주산성에서 권율 장군이 왜군을 물리칠 때(행주대첩), 아낙네들이 한 손에는 돌을 들고 다른 한 손에는 고춧가루를 들고 올라와서 이를 던져 왜군을 물리쳤다고 이야기한다. 일본이 우리를 죽이려고 갖고 온 고추를 오히려 우리가 역으로 왜군을 물리칠 때 무기로 사용하였다는 이야기이다. 행주대첩은 1593년 2월 12일에 있었고, 임진왜란은 바로 한 해 전인 1592년 4월 14일에 일어났다. 음력 4월 14일이면 고추 파종 시기가 이미 지났을 때이다. 행주대첩에 쓰인 고추는 과연 어디에서 났을까? 일본군이 갖고 있었던 것을 약탈하여 일본군을 무찌른 데 썼단 주장이다.

참고로 번초가 아닌 우리나라 고유 품종의 고추로는 사람을 절대 독살시킬 수 없다. 그럼 무엇인가? 결국 그때 고추는 독살시킬 수 있었는데 지금 고추는 독살시킬 수 없도록 고추가 변했다는 말을 하지 않으면 안 되는 상황까지 오게 된 것이고, 멕시코 고추가 우리고추로 진화되었다는 말까지 만들어내게 된 것인데, 이것은 유전학적으로 전혀 맞지 않는 말이다.

● 우리 민족 우수설

과학을 하는 사람이라면 고추 독살설이 나오면 당연히 따르는 질문이 있다. 어떻게 우리 민족을 독살하려고 들어온 독초〔番椒〕를 이용하여 우리 민족이 고추장을 담가 먹고 김치를 담가 먹을 수 있을까 하는 것이다. 먹으면 죽는다는데 누가 감히 이런 시도를 할 것인가? 당연하고 합리적인 질문이다.

고추가 임진왜란 때 일본에서 들어왔다고 주장하는 사람들은 여기에 답을 내어야 할 의무가 있다. 그들이 내놓은 답은 우리 민족은 매우 머리가 좋아 독초도 우리 체질에 맞게 식품으로 먹는 지혜가 있었다고 답하면서 우리 민족 우수설을 내놓게 된다. 그러면서 일본인이 쓴 책을 근거로 들었다[12]. 이 책에는 실제 번초(番椒)는 독초라는 기록이 있다. 세이후쿠(盛復)는 '고추'의 이전 표기인 '고쵸'는 이미 임진왜란이 일어나기 훨씬 이전인 15세기 이전 조선 문헌에도 나타나고 있음을 간과하고 있다. 식품과학적인 측면에서 우리 민족이 우수하여 독초도 식품으로 쓸 수 있다는 주장은 정말 상식적으로도 맞지 않다. 아무리 머리가 좋더라도, 사람이 먹으면 허다하게 죽었다는데 어떻게 그것을 식품으로 그것도 김치와 고추장까지 한꺼번에 만들어 낼 수 있었을까? 이것은 죽고 사는 문제인 것이다. 우리 김치와 고추장은 오직 우리고추로만 담글 때 만들어지는 것이다. 태국 고추[番椒]나 멕시코 고추[aji]로는 절대 탄생할 수 없는 것이 우리고추장과 김치이다. 고추의 품종이 한 가지라고 생각하면 이러한 커다란 오류를 범할 수 있다.

● 소문사설의 저자 이표설

전라북도 순창군 만일사(萬一寺)에는 이성계에 관한 오래된 구전이 내려온다. "태조 이성계가 조선을 건국하기 전에 무학대사와 함께 순창의 산안절[萬一寺]에 들렀다가 고추장 맛을 보고 매우 맛있어서 나중에 조선을 건국하고 나서도 그 맛을 잊지 못하여 고추장을 진상하라고 하였다 하여 순창고추장이 유명해졌다"라는 구전이 있다. 그러나 이성우는 이러한 말은 구전이라 믿을 수 없다고 하였다. 또 문헌의 고추장은 우리 역사상 한 번도 먹어본 적도 없고 존재한 적도 없는 산초장이라고 하더니, 소문사설(謏聞事說)에 순창고추장 제법(淳昌苦艸醬造法)(그림 6)이 자세히 나오는 것을 확인한 후에는 책의 저작연대를 임진왜란 훨씬 이후로 보았다. 즉 소문사설의 저자가 이기용편(利器用編)에서 이시필(李時弼)로 나옴에도 불구하고 이성우는 저자가 이표(李杓)라고 말하기에 이른다[3,13]. 그 근거로는 그들이 생각하기에도 임진왜란 때 고추가 들어와서 100년 안에 궁중에서도 유명한 고추장이 개발될 수 없고, 고추장이 처음 나

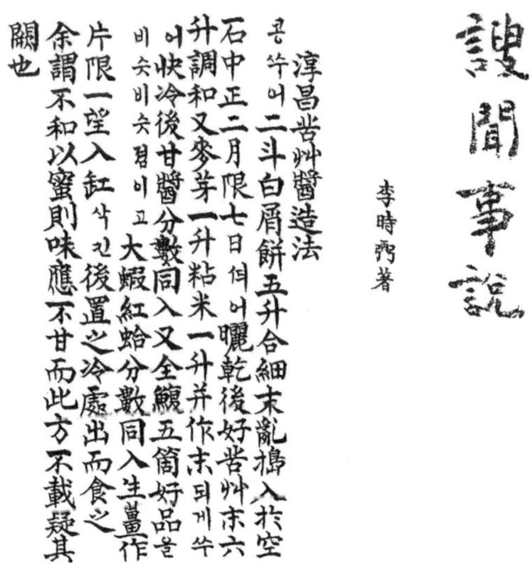
謏聞事說

李時弼著

淳昌苦艸醬造法

콩 쑤어 二斗白屑餠五升合細末亂擣入於空

石中正二月限七日 녀어 曬乾後好苦艸末六

升調和又麥芽一升粘米一升并作末 되게 쑤

어 吠冷後甘醬分數同入又全鰒五箇好品을

비숫비숫졈이고 大蝦紅蛤分數同入生薑作

片限一望入缸 삭긴 後置之冷處出而食之

余謂不和以蜜則味應不甘而此方不載疑其

闕也

그림 6 이시필(1657~1724년)의 소문사설. 오주연문장전산고의 발행연도보다 80~120년 이전 문헌으로 순창고추장의 제조방법이 나오고 있음. 참고로 그 당시의 고추장에는 전복, 홍합, 대하 등 비싼 소재가 들어간 것으로 보아 임금님께 진상한 고추장인 것으로 보임

오는 문헌은 1766년의 증보산림경제(增補山林經濟)(류중림(柳重臨), 1766)라고 하면서 그 이전에는 고추장이 없었기 때문에 1700년대 중엽 이전의 인물인 이시필(1657~1724)은 소문사설의 저자가 될 수 없다는 주장까지 한 것이다. 또 소문사설에 저자가 연경에 갔다 왔다고 기록되어 있는데, 이시필은 연경에 간 적이 없기 때문에 그 이후의 인물인 이표(1680-?)가 소문사설의 저자라고 주장하였다[4].

그러나 이시필은 연경에 자주 왔다 갔다 하였으며(조선왕조실록(朝鮮王朝實錄), 1717, 숙종, 7월 23일), 고추장의 처음 기록은 증보산림경제가 아니며 그 이전의 수많은 문헌에 고추장〔椒醬〕의 기록이 있다(식료찬요(食療纂要), 전순의(全循義), 1460; 향약집성방(鄉藥集成方), 유효통(兪孝通) 등, 1433). 설령 고추장의 기록이 1766년의 증보산림경제에 처음 나온다고 하여도 그 책이 나오기 이전에 고추장이 없다는 이성우의 주장은 성립될 수 없다. 우리나라 음식이 고문헌에 기록된 연도 이전에는 그 식품이 없었다는 논리로 식품의 존재를 부정하는 것은 결코 성립될 수 없다. 오히려 그때보다 수십 년, 수백 년 전부터 존재하고 유명하기 때문에 문헌 기록으로 남았다고 보는 것이 타당하다. 소문사설의 저자가 이표라는 이성우의 주장이 맞다 하더라도, 이시필보다 겨우 25~30년 후의 인물인데 이표 시기(1680~?)에는 고추장이 있었고, 이시필 시기(1657~1724)에는 고추장이 없었다는 논리도 성립될 수 없다.

현재 농경학적, 식품발달사학적 전문가의 공통적인 견해는 당시 고추가 들어와서 전국적으로 재배되고 음식에 사용되기까지는 적어도 수세기가 걸리며, 일본에서 들어온 고추를 이용하여 메주를 만들고 이를 발효시키고 숙성하여 고추장을 만드는 기술을 터득하기까지는 적어도 수백 년, 아니면 천 년이 필요하며, 또한 이것이 전국적으로 유명해지려면 수백 년이 더 걸린다. 즉 고추가 들어와서 고추장이 전국적으로 유명해지려면 적어도 300년에서 500년 이상 걸릴 것이다. 일본의 경우 고추가 도입되어 전국에 파급되는 데 200년이 걸렸다고 주장한다[8]. 이러한 물리적인 측면에서 보면, 임진왜란 때 들어온 고추를 이용하여 100년 안에 고추장과 김치가 발견되어서 임금님이 좋아할 정도로 전국에 유명한 고추장이나 김치가 되었다는 보기는 어렵다.

● 신 역수출설

많은 일본 문헌에 우리고추(일본에서 고쇼(こしょう)라고 불려짐, 번초가 아님)가 조선으로부터 들어왔다고 기록되어 있다. 이에 장지현 등[8]의 학자들은 이성우가 '고추가 임진왜란 때 일본으로부터 들어왔다'고 잘못 주장하는 바람에 우리나라에 먼저 고추가 들어왔다가 일본으로 다시 들어갔다는 역수출설을 제시하였다. 그러나 일본 문헌과 우리 문헌을 종합하여 타협하려고 새롭게 주장한 장지현의 역수출설도 엄밀히 말하면 이성우의 주장을 근본적으로 만족시키지 못하는 자기모순에 빠진다. 이에 주영하는 모순점을 해결하려고 새로운 주장을 한다. 신 역수출설이다. 즉 처음에 일본 본토에서 우리나라로 들어온 것이 아니라 오키나와(琉球國)에서 우리나라로 들어왔다가 일본 본토로 들어갔다는 것이다[14].

오키나와가 일본에 병합된 것이 임진왜란이 일어난 지 거의 300년 이후인 1879년이란 사실을 알았더라도 이러한 주장을 하지 않았을 것인데, 도요데미히데요시(豐臣秀吉)이 무기로 최신 조총이 있는 데도 불구하고 조선인을 죽이려고 일본도 아니고 조선보다 6~7배 먼 오키나와에서 고추를 대량으로 구입하여 들어왔다는 말이 과연 성립될 수 있는가? 이러한 주장을 검증해 보려고 직접 오키나와에 가서 고추를 조사해 본 결과 오키나와에서는 인도네시아, 태국 고추와 비슷한 남방계 고추(南蠻胡椒)가 재배되고 있었다. 그러나 우리고추와는 모양도 전혀 다르고, 남방민족이 쓰는 향신료 개념으로 많이 쓰였다. 그러나 그들은 그 고추를 호초(胡椒, 고쇼)라고 부른다고 하였다. 이를 보면 그 당시에나 지금이나 일본에서는 고추를 호초(胡椒)로 표기하는 경우가 많다. 이는 훈몽자회에서 한자 초(椒)는 우리말로 고쵸 또는 호쵸라고 부른다는 것(그림 3)과 일치한다. 주영하는 또 나중에 일본 본토에서 오키나와가 한국보다 멀다는 점을 깨달았는지, 오키나와(沖縄, 琉球國)가 아니라 나가사키(長崎)로 주장을 바꾸었다[14]. 나가사키는 본토나 마찬가지이므로 굳이 혼슈(本州)하고 구분지어 나가사키(九州)에서 조선에 들어왔다가 혼슈로 다시 수출되었다는 주장은 성립될 수 없다.

> "....중략....1543년 나가사키에 고추가 도착했고, 그것은 남방계 산물로 후추와 함께 부산포에 소개되었을 가능성이 많다....중략.... 1543년에서 1592년 사이에 고추는 한반도의 일부 남부 지역에서 재배되었을 가능성은 충분히 있다. 이것이 임진왜란 때 도요토미 군사들에게 알려져 고추의 종자가 다시 일본열도의 혼슈(本州) 지역으로 유입되는 계기가 되었을 가능성이 많다."[14]

더욱이 이렇게 역수출설을 계속 주장하면 이는 그들이 그토록 주장했던 고추가 임진왜란 때 들어왔다는 주장을 펴기 위하여 제시했던 문헌인 지봉유설이나 오주연문장전산고의 내용과도 크게 배치되는 등 논리적으로 성립되지 않는다.

● 흑고추장설 임무교대론

고추의 임진왜란 일본 도입설의 더 큰 문제는 이성우 이후 음식역사나 문화를 연구하는 학자들이 그 주장이 마치 사실인 양 그대로 받아들여 우리 식문화를 왜곡하여 기술한다는 것이다. 하나의 예로 '고추가 임진왜란 때 일본으로부터 들어왔다'고 믿는 사람들은 처음에는 고추장이 없었다고 하였다. 그렇다면 태조 이성계가 조선을 건국하기 전, 무학대사와 함께 순창군에 들렀을 때 만일사의 순창고추장을 맛보고 그 맛이 매우 좋아, 임금이 된 다음에 진상하라 하여서 진상하였고, 그 이후 많은 임금들이 찾았기 때문에 순창고추장이 유명하였다는 전설도 구전이라고 무시하였다. 소문사설의 순창고추장도 저자를 왜곡하여 무시하려 하였다. 더욱이 식료찬요(전순의, 1460년)(그림 7) 등과 같은 많은 문헌(향약집성방)(1433), 의방유취(醫方類聚)(1477), 묵재일기(默齋日記)(1553), 의림촬요(醫林撮要)(1597) 등을 제시하여도 고추장〔椒醬〕의 존재를 인정하려 하지 않았다. 그러나 문장의 내용을 보면 요사이 고추장을 먹었을 때의 용도인 '비위나 위가 안 좋을 때, 닭고기에 고추장〔椒醬〕을 넣고 끓여 먹거나 찌어 먹으면 밥맛이나 얼굴색이 좋아진다'는 구체적인 고추장의 내용을 세시하여도 식료찬요 등의 책에 나오는 고추장은 고추장이 아니라 우리나라에 전혀 존재하지도 않고 만들어지지도 않은 산초나 후추로 만든 고추장이라고 주장하며, 즉 '흑고추장 이론'을 내세우기도 하였다.

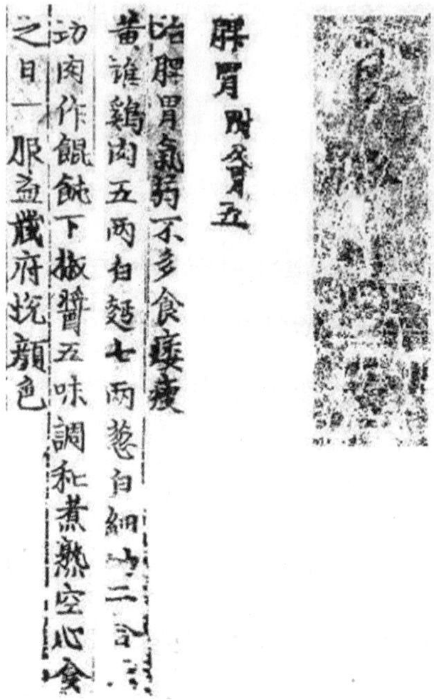

그림 7 전순의(全循義)의 식료찬요(食療纂要)(1460년). 임진왜란 발생 130년 전쯤에 나타난 고추장 문헌으로 고추장이 1460년에 발효음식으로 사용되었다면 고추는 그보다 훨씬 이전에 있었음이 분명함

한복진[15]과 김상보[3]도 고추장〔椒醬〕은 산초(山椒), 천초(川椒), 후추〔胡椒로 표기하는데 항상 胡椒가 후추는 아님[16]〕로 만들었으나 고추가 들어오면서 고추로 고추장을 만드니 체질에 맞아 후추로 만든 고추장은 감쪽같이 사라지고 고추로 만든 고추장으로 바뀌었다고 하였다. 소위 '흑고추장이론'에 이어 '임무교대설'이다(김상보, 제주일보(2004.11.23) "춘하추동 매운맛"). 언어학적으로 고추〔椒〕로 장을 만들면 고추장이지 다른 것이 될 수도 없다. 어떻게 검은 고추장이 순

식간에, 정말 100년도 안 되어 빨간 고추장이 되어 우리 식문화를 바꿀 수 있겠는가? 그 이전에 고추장에 대한 기록이 수 없이 나오고, 소문사설의 순창고추장(淳昌苦艸醬造法)이 나옴에도 굳이 고추장의 최초 기록이 류중림(柳重臨)의 증보산림경제(增補山林經濟)(1766)라는 주장만 되풀이하는 것은 고추의 임진왜란 때 일본 도입설을 꿰맞추기 위한 수단에 불과하다.

만일 그들의 주장이 옳다고 하여 초장(椒醬)이 산초, 호초, 천초로 담근 산초장(山椒醬), 호초장(胡椒醬), 천초장(川椒醬)이라면 이들의 기록이 나타나야 한다. 또한 후추장, 산초장이라는 흔적도 남아 있어야 한다. 더군다나 임진왜란 때 들어왔다는 번초나 멕시코 고추는 우리나라 고추보다 수백 배 매워서(다음 장의 고추의 매운 맛 참조), 그런 멕시코 고추로 고추장을 담그면 먹을 수 없으며, 지금같이 고추장을 먹으면 지봉유설에 나오는 것 같이 아마 죽었을 것이다.

● 흑·백김치설

처음에 이성우의 고추의 임진왜란 도입설을 주장하는 이들은 그 후에 김치〔菹〕가 무수히 나오는 고문헌을 제시하고, 한글 창제 이후의 책인 훈몽자회에서 김치를 나타내는 菹(저)가 한글 이름 '딤치'라는 한글과 함께 나오는 것을 제시하고(그림 8), 또 초(椒)를 넣어 만든 김치가 나오는 문헌(수운잡방(需雲雜方), 김유(金綏), 1481~1552))을 제시하자, 고문헌에 나오는 김치에 대해 흑김치, 백김치밖에 없다고 주장하였다[17, 18, 19].

문헌에 근거하여 '우리고추는 오래전부터 있었고 임진왜란 당시 아주 매운 고추인 번초가 들어왔다'라고 하면 쉽게 설명이 되는데, 이성우 스스로도

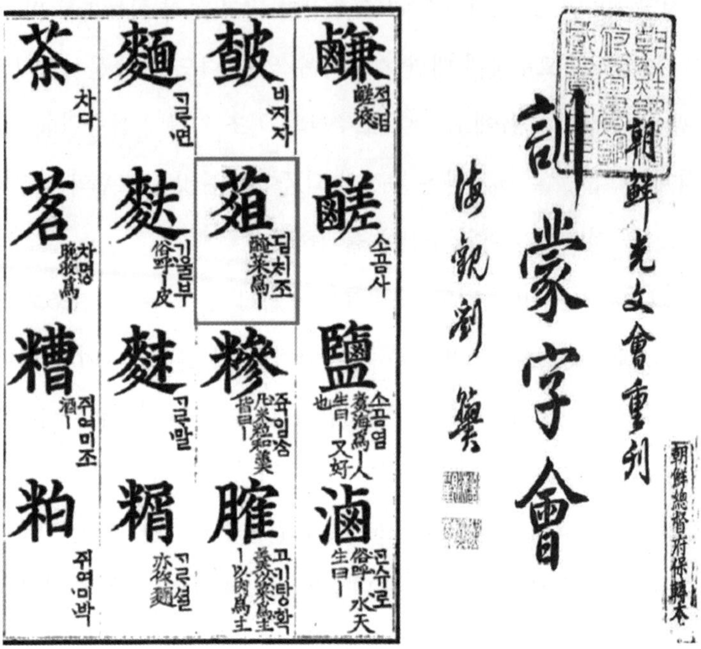

그림 8 최세진(崔世珍)의 훈몽자회(訓蒙字會)(1527년). 우리말 김치와 한자 김치에 대한 기록이 있음

김치는 백김치밖에 없다고 주장한 것이다[4,17].

김상보는 앞서 흑고추장설과 같이 임진왜란 전에는 후추를 넣어 담근 흑김치였는데, 나중에 고추가 들어와 고추로 김치를 담가 보니 체질에 맞고 맛있어서 흑김치는 감쪽같이 없어지고 오늘날의 빨간 김치만 살아남았다는 주장을 한다. 실제로 김상보는 그의 저서에서 '다시 말해 고추장 때문에 천초장을 버렸듯이, 고추를 넣은 김치 때문에 천초를 넣은 김치를 버린 시기가 1700년대 전후가 된다'라고 기술하고 있다[3]. 그러나 당시에 일반 백성들은 김치에 고춧가루 들어가듯이 그 많은 후추를 만져볼 수 없을 뿐만 아니라, 그런 후추로는 김치를 담글 수도 없고, 만약에 담근다고 하더라도 먹을 수 없었을 것이다. 그 당시뿐만 아니라 지금도 김치 담그듯이 그 많은 후추를 각자 집에서 갖고 있는 집은 없다.

백김치설

김상보의 흑김치설에 대하여 쉽게 동의할 수 없었는지 주영하는 소위 백김치설을 주장하였다[18]. 그러면서 우리나라의 김치의 조상이 일본의 쓰께모노(漬物)와 중국의 파오차이(泡菜), 심지어 서양의 사우어크라우트(Sauerkraut)라는 말까지 서슴지 않는다[19]. 그 주장의 증거로 우리나라 사람들이 겨울에 김장할 때 즐겨 먹었던 동치미를 백김치라고 하면서 동치미를 담가 먹었다가 나중에 고추가 들어와 고추로 담가 먹었더니 맛있어 김치가 발달하였다는 주장을 내놓는다. 처음에는 언제 고추로 담가 먹기 시작하였는지 언급하다가, 우리고추가 들어와서 그 재배법이 알려지고 전국적으로 재배되는 데 적어도 200년 이상 걸릴 것이고 김치가 발견되고 전 국민이 좋아하는 음식이 되기까지 또 200년 이상 걸린다는 것[8]을 감안하여 오늘날의 김치가 있었던 것은 임진왜란 400년 후로 계산하여 지금부터 100년도 안 되었다는 주장을 한 것이다.

우리 김치와 쓰께모노, 파오차이와 사우어크라우트는 근본적으로 다르다. 김치는 젖산발효이지만 이들은 젖산발효가 안 일어날 뿐만 아니라 발효도 크게 일어나지 않는다. 우리 김치는 고추가 없으면 다른 잡균이 제어되지 않고 젖산균이 자라지 못한다[20]. 동치미는 온도가 낮은 오직 겨울철에만 담가 먹는 음식으로, 여름철에는 쉽게 변하여 결코 담아 먹을 수 있는 것이 아니다(백김치라는 말도 옛날에는 없었으며, 이 용어는 주영하 등이 고추 일본 도입설을 합리화하기 위하여 백김치론을 만든 것이다). 우리 김치는 우리 할머니의 할머니 때부터 조상대대로 담가 먹었던 것이다. 그는 17세기의 고문헌 연행일기(燕行日記), 김창업(金昌業) 등에 배추김치가 나오고 고추가 나옴에도 그 문헌에 대하여는 아무런 반론도 제기하지 않고 있다[21]. 단지 이들의 주장은 임진왜란 때 고추가 없었으므로 그 전 것은 백김치라고 주장하는 것에 불과하다. 심지어 한국의 김치를 중국의 파오차이의 변종인 한국포채라고 잘못 이야기하기도 하였다[19].

백김치설 → 흑김치설

이렇게 김상보와 주영하 주장이 문헌과 역사의 사실에 배치되며 이해할 수 없는 부분이 많다는 것을 아는 학자들은 이들 두 주장을 보완하여 나름대로의 또 다른 설을 만들기도 한다. 즉 처음에는 백김치로 시작하였다가 초(椒)를 넣은 김치에 관한 문헌, 즉 수운잡방(需雲雜方)(1481~1552), 음식디미방(閨壼是議方)(안동 장씨(安東 張氏), 1670) 등이 많이 나오자 백김치에 후추를 넣은 흑김치가 발달하였고 나중에는 고추를 김치 담그는 데 사용하였다는 주장이다[3,18,22].

그러나 이 주장도 결국에는 고추의 임진왜란 전래설에 맞추어 김치의 역사를 만든 가설에 불과하다. 임진왜란 이전의 문헌인 수운잡방과 임진왜란 이후의 한글 문헌인 음식디미방 등의 문헌에 고쵸가 나오지 않는다고 하였으나, 수운잡방에서는 고추를 가르키는 초(椒)가 김치를 담글 때 많이 쓰이는 데도 이를 무조건 산초나 후추로 번역하면서 고추가 나오지 않는다고 하였다. 이는 이성우의 고추의 임진왜란 전래설에 집착한 기계적인 오류이며, 음식디미방에는 김치에 들어간다는 한글 표기 '호초'는 다른 음식에 들어가는 후추의 표기인 '후츄'와 구분하여 표기하고 있다. 즉 음식디미방의 호초는 고추일 가능성이 매우 크다. 왜냐하면 훈몽자회의 초(椒)의 기록(그림 3)과 같이 고추의 표준어가 꼭 '고쵸'로만 있는 것이 아니라 고추를 '호쵸'라고 부르는 경우가 매우 많았기 때문에 호쵸가 고추가 아니라는 등식이 항상 성립될 수는 없다. 즉 당시에는 표준어가 없었기 때문에 대부분이 고추를 '고쵸'라고 불렀으나 '호쵸'라고도 하는 사람도 있었다는 증거이다. 이는 조선시대에 일본으로 건너간 우리고추가 일본에서는 고려고쇼〔高麗胡椒〕라고 불린다는 문헌, 성형도설(成形圖說)의 기록과도 일치한다. 결국 주영하의 '고추가 들어오기 전에 김치담글 때 산초를 많이 썼다'고 하는 주장, 즉 김치를 후추나 산초로 담갔다는 주장은 틀린 것이다.

무김치원조설

주영하 등은 김치의 원조는 배추김치가 아니라 무김치라고까지 주장한다[23]. 그리고 무김치원조설에 맞추다 보니 결국 오늘날 우리 김치의 역사가 100년밖에 안 되었다고 주장하기에 이른다[19]. 그 근거로 중국의 산동배추가 우리나라에 들어온 것이 20세기라고 이야기한다. 산동반도와 우리나라의 거리가 매우 가까운데 마치 20세기에 처음 교류가 시작된 것처럼 본 것이다[21].

논리학적으로 이러한 주장이 계속 이어지는 것은 전제 조건이 뭔가 잘못되었다는 증거이다. 즉 고추가 임진왜란 때 일본에서 들어왔다는 설이 진리가 아니라는 증거이다.

4. 고추 관련 우리 식품 왜곡

● 비빔밥

고추의 임진왜란 도입설에 의해 비빔밥의 역사도 왜곡되었다. 임진왜란 고추 도입설을 따르는 사람들은 고문헌에 비빔밥을 유추할 수 있는 기록이 나온다는 것을 알고 있었는지, 고문헌 그 당시의 비빔밥은 고추장이 없는 단순히 나물과 밥을 섞어 만든 흰 비빔밥이며 오늘날의 비빔밥은 나중에 고추가 들어온 뒤에 고추장이 만들어지고 고추장이 알려진 이후일 것이라는 주장이다[24]. 즉 김치와 같이 비빔밥의 역사도 100년이 안 될 것이라는 주장이다. 그러면서 비빔밥의 기록이 나오는 1890년경의 시의전서(是議全書)를 근거로 제시하기도 한다[24]. 특히 이들은 비빔밥이 시의전서 등 고문헌에 최초로 기록되었다고 하여 비빔밥 등 그 음식이 문헌에 기록된 연대부터 있었을 것이라고 주장한다. 일반적으로 음식이 문헌에 기록으로 나오면 그로부터 수백 년 전, 아니 수천 년에 이미 백성들이 먹고 있었던 음식으로 봐야 함에도 불구하고 그 문헌에 나오기 전에는 아주 없었다고 주장한다. 그것은 고추가 임진왜란 때 일본에서 들어왔다는 자기들의 주장을 훼손하고 싶지 않은 단 하나의 이유에서이다.

그러나 비빔밥은 16세기 말엽 박동량(朴東亮)의 기재잡기(寄齋雜記)에 혼돈반(混沌飯)으로, 1724년 권상일(權相一)이 쓴 청대일기(淸臺日記)에 골동반(汨董飯)으로 한자로 쓴 명칭이 수록되어 있어서 시의전서보다 300여 년 전 문헌에 이미 기록되어 있다.

● 떡볶이설

고추가 들어간 음식은 모두 역사가 왜곡되었다. 떡볶이도 마찬가지이다. 주영하[25]는 이성우의 임진왜란 고추 도입설에 따라 문헌에 나오는 떡볶이는 고추장이나 고추 없는 떡볶이이며, 오늘날의 떡볶이는 1960년대 신당동 마복림 할머니 때부터라고 이야기한다. 여기서 주영하는 '오늘날의 김치', '오늘날의 떡볶이', '오늘날의 비빔밥'과 같은 표현을 많이 쓰는데, 이는 자기의 주장을 합리화하기 위하여 그 전에는 고추가 없었던 것과 대조하기 위하여 만들어 낸 말로 일반적이지 않다. 100년 음식과 지금의 음식이 감쪽같이 사라지거나 바뀔 수는 없다.

1890년대 규곤요람(閨壼要覽)에는 떡복이가 병자(餠炙)라고 동시에 기록되어 있고, 동시대의 시의전서에 떡볶이를 만드는 방법까지 나오는데, 굳이 '오래 전에는 간장으로 떡볶이를 만들어 먹었다가 나중에 고추나 고추장을 넣어 볶아 먹었다'는 논리는 김치와 고추장, 비빔밥과 같이 고추가 임진왜란 때 들어왔다는 설을 합리화하기 위하여 만들어 낸 것에 불과하다. 같은 이유로 간장으로 만든 떡볶이는 궁중떡볶이고 고추장으로 만든 떡볶이는 일반 떡볶이라는 주장도 모두 근거가 명확하지 않다. 다만 1960년대 신당동 마복림 할머니의 신당동 떡볶이는 요즈음과 같이 대중화된 떡볶이의 시초라는 데는 동의한다. 1960년대부터 밀가루가 들어오고 기계화되어 실가래떡을 다량으로 만들 수 있었으므로 당시 음식점에서 떡볶이를 파는 것이 가능하였을 것이다. 일반 대중에게 파는 음식점이 생겼다고 하여 그때부터 오늘날의 떡볶이가 있었다는 주장은 지극히 비상식적이며 비역사적이다.

● 닭도리탕이 일본말?

우리 음식의 문화를 크게 왜곡하는 것 중 하나가 닭도리탕이 일본말이라는 논란이다. 비빔밥, 떡볶이와 같이 고추장이 있었다면 닭도리탕은 우리 조상들이 쉽게 고안해 먹을 수 있는 음식이다. 전순의(全循義)가 기록한 식료찬요(食療纂要) 등을 보면 닭이나 꿩에 마늘이나 양념과 함께 고추장을 넣어 끓인 것은 오늘날의 닭도리탕과 크게 다를 바 없다.

그럼에도 1980년대 갑자기 고스톱 화투판에서 나돌던 '새가 일본어로 도리(とり)이므로 닭도리탕은 일본말이다'란 말이 만들어져 퍼지더니 국립국어원에서 아무런 식품학적 검증절차 없이 왜색문화를 없앤다는 구실로 닭도리탕이 일본어라고 단정하고 '닭볶음탕'이라고 써야 한다고 하여 많은 사람들이 닭도리탕을 일본어로 잘못 알고 있는 지경에 이르렀다. 한마디로 식품을 전혀 모르는 사람들이 저지르기 쉬운 실수이다. 닭도리탕은 볶는 과정이 있는 음식이 아니다. 이렇다 보니 더 큰 문제는 닭도리탕은 그 기원이 오래된 음식[6]임에도 일본 음식의 한 종류로 인식되고, 더 나아가 일제 강점기에 생긴 음식으로 잘못 인식되기까지 한다. 여기에 일제 강점기 이전에는 오늘날과 같은 닭도리탕이 없었다는 이야기까지 떠돌고 있다. 일제시기에 일본으로부터 유래되어 만들어졌다면 당연히 일본에 닭도리탕과 같은 음식이 있어야 하는데 일본에는 닭도리탕과 같은 음식이 없다. 닭도리탕이 일본말이라면 수백 년 된 닭도리탕의 탄생과 역사를 일제 강점기로 축소 왜곡시키는 것이고 폄훼하는 일이다. 닭도리탕은 일제강점기 이전부터 우리 민족이 먹었던 음식으로 닭을 도리쳐서 만든 음식이다.

5. 고추, 비빔밥, 김치의 어원 왜곡

● 고추의 어원 왜곡

우리 민족은 만주 지역을 기반으로 한 민족으로, 지금 한나라를 기반으로 한 한족과 근본적으로 다르며, 우리말의 구조와 단어 및 어순도 중국어와 크게 다르다. 참고로 중국어는 영어와 그 구조가 같다. 굳이 우리말의 어원을 따지자면 고조선, 거란, 여진 말갈, 몽골 등 우랄알타이 어족의 말에서 찾아야 한다. 그럼에도 식문화를 한다는 많은 사람들은 고문헌에 한자로 우리 식품이 표기되었다는 이유로 우리 음식의 어원을 중국 한자에서 왔다고 주장하는 잘못을 범하고 있다. 이는 근본적으로 우리나라의 역사와 말을 왜곡시키는 것이다. 한글을 창제하고 아이들에게 가르치기 위한 옥편 격인 최세진의 훈몽자회(그림 3) 등을 보면 감, 딸기, 고추, 고추장, 김치, 비빔밥 등의 옛 우리말이 오래전부터 있었음을 알 수 있다.

순수한 우리말과 한글이 있었음에도 불구하고 한글을 업신여겨 어떻게든 한자로 표기하여야 하였다. 한글을 언문이라 하여 아낙이나 못 배운 사람의 글이라 했으며 한자로 표기해야 배운 사람 취급을 하였다. 따라서 고추는 원래 우리나라에 있었고, 중국에서부터 있었으므로 우리말로 '고쵸'라고 하고 한자로는 '椒[고쵸]'로 표기하였다. 그러다가 한글이 만들어진 후 '고쵸'라고 많이 불리게 되자 이 우리말에 맞게 굳이 한자로 표기하려다 보니 椒(초)앞에 우리말 고쵸의 '고'에 해당하는 한자, 古(옛고)나 苦(쓸고)를 붙여 쓰다가 苦椒(고초)로 정착된 것이다. 이렇게 되어 우리말 고쵸를 '苦椒'로 표기한 것이지 우리말 고쵸가 한자 苦椒에서 온 것은 아니다. 훈몽자회에도 苦(고)자가 '매우 맵다'라는 뜻은 전혀 없으며 '쓰다'라는 뜻만 있다[6](그림 9). 만일 '맵다'라는 것을 강조하여 한자로 표기하고 싶으면 '매울' 辛(신)을 넣어서 '신초(辛椒)'라고 쓰지, 절대 苦椒라고 쓰지 않았을 것이다. 만일 '고쵸'라는 우리말의 어원을 찾으려면 여진, 말갈, 거란 등 알타이어족에서 유사성을 찾아야 할 것이다.

재일교포 학자로서 식문화를 연구하는 정대성(鄭大聲)은 '일본으로 건너간 조선 음식'[26]에서 한술 더 떠 "'苦(고)'자가 '매워서 열이 난다', 즉 '불이 붙은

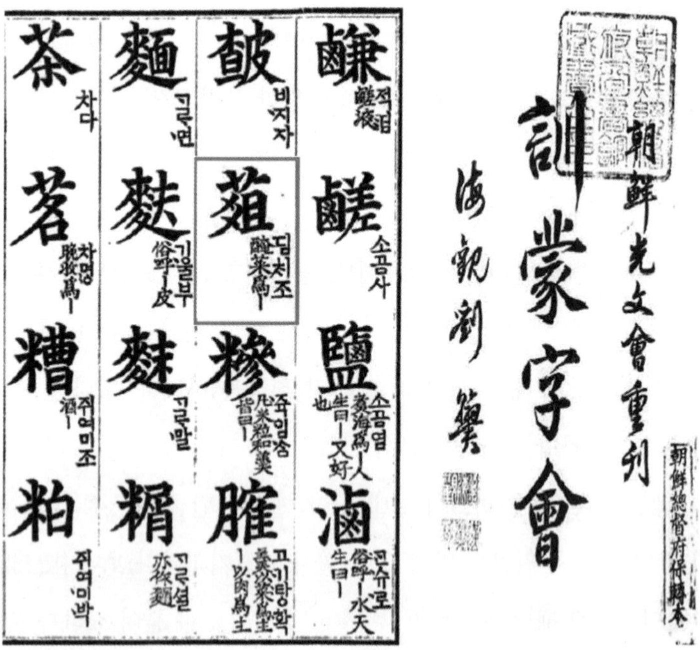

그림 9 苦자가 '매우 맵다'라는 뜻은 전혀 없으며 '쓰다'라는 뜻만 있음

듯한 자극적인 고통' 이란 뜻이 있을 것이다"라고 주장한다. 그런데 분명한 것은 고쵸는 한자도 모르고 한글도 쓸 줄 모르는 우리 백성들이 우리 조상 대대로 불러왔던 우리말 이름이다.

일본학자로 우리나라에서 교수를 하고 있는 구리타에이지(栗田英二)는 '고추가 일본에서 들어왔다는 설이 맞다면, 고추라는 이름도 당연히 일본에서 들어왔을 것이라는 논리가 성립된다'고 말한다. 따라서 고추라는 이름도 일본에서 왔을 것이라고 하여 일본에서 고추를 부르는 이름 호초(胡椒, こしょう)에서 고추가 왔다고 주장한다[27]. 고추의 임진왜란 도입설 때문에 이러한 잘못된 주장이 생겨난 것이다. 앞서 언급한 바와 같이 일본에서는 우리나라에서 들어간 고추를 고려호초(高麗胡椒)라고 하고, 원래 오키나와의 고추를 남만호초(南蠻胡椒)라고 한다. 결국 우리말 '고쵸'라는 이름에서 '고쇼유'가 유래되었음에도 오히려 우리말 고추가 일본말 고쇼우에서 유래되었다는 주장으로 왜곡되고 만다.

훈몽자회의 고추[椒]는 우리말 고쵸를 가르킨다. 어떤 사람은 고쵸를 호쵸라고 말한다. 지금같이 표준말이 있었으면 고추를 '고쵸'로 통일하였겠지만 당시에는 고추를 '호쵸'라고 부르는 사람도 있었다는 이야기이다. 19세기까지도 고초를 호쵸, 호초(胡椒)로 부르거나 쓴 경우는 매우 많다. 순창고추장을 순창ᄒᆞ초장(淳昌胡椒醬)으로 쓰기도 하였다(승정원일기(承政院日記), 1774; 음식디미방(閨壼是議方), 안동장씨, 1670; 홍보전)[16]. 지봉유설, 훈몽자회, 오주연문장전산고 등 고문헌에 나오는 초(椒)를 훈몽자회에 있는 그대로 고쵸[고추]로 해석하면 되는데 이를 억지로 왜곡해 버린 것이다.

● 김치, 비빔밥도 한자가 어원?

음식에 대한 기록은 대부분 먹고 몸에 좋은 효과가 있다는 식치(食治) 개념으로 기록하거나 먹고 탈이 나서 크게 문제가 될 때, 또한 어느 지역에 매우 유명할 정도로 명물이 되었을 때 많이 남겼다. 지봉유설(芝峯類說)의 태국고추를 먹고 죽었다고 하거나 식료찬요(食療纂要) 등에서 고추장을 넣어 먹으면 소화가 안 되고 위가 더부룩할 때 효험이 있다든지, 기재잡기(寄齋雜記)의 비빔밥을 먹고 탈이 나서 크게 소동이 있을 때, 오주연문장전산고(五洲衍文長箋散稿)의 전국적으로 유명한 순창고추장에 대한 기록이 다 여기에 해당된다. 당시에는 배추로 김장김치를 많이 담갔는지 혹형을 다스리는 말로 젓갈 담그고 김치 담그듯이 사람을 잔인하게 죽이는 표현으로 저해(菹醢)라는 기록이 많이 나온다(삼국사기(三國史記), 고려사절요(高麗史節要)).

많은 백성들이 김치〔딤ᄎᆡ〕(훈몽자회)나 비빔밥〔부뷔움밥〕을 만들어 먹으면서, 오래전 조상들 때부터 김치라고 그냥 부르고 비벼서〔부뷔서〕 먹는다고 하여 비빔밥〔부뷔움밥〕이라고 불렀던 것을 그대로 따라 불렀다. 그런데 이렇게 중국에는 없는 음식을 책에 기록해야 할 경우, 양반들은 배운 사람 티를 내려면 한글로는 기록할 수 없고 어떻게든 한자를 만들어 내야 하였다. 이들이 우리말을 한자로 기록하는 방법은 서너 가지밖에 없는데, 첫째는 어떻게든 뜻〔韻〕을 살려 기록하려고 하였고, 두 번째는 소리〔音〕를 살려 비슷하게 기록하거나 이 둘을 동시에 살리는 방법으로 한자를 만들어 내든지 하여 기록하였다. 셋째로 한자로 비슷한 음식 이름이 있으면 그것을 모방하여 그럴 듯하게 한자로 기록하였다. 당연히 이러한 한자 기록은 우리글과 같이 우리말을 정확히 표현할 수 없다. 그럼에도 한자가 마치 완벽한 글자인 줄 알고 우리말의 어원을 한자에서 찾는 경우가 많다.

훈몽자회(그림 8)에서 김치는 순우리말로 김치〔딤치, 팀치〕이고 한자로는 저(菹)로 표기한다. 따라서 한글이 창제되기 전에는 김치를 그냥 저(菹)라고 표기하면 되었다. 그러나 1443년 한글이 만들어지고 난 이후에는 한글로 팀치〔딤치〕를 정확하게 발음할 수 있고 쓰기도 할 수 있으므로 한글에 맞게 한자로 표기할 필요성을 느끼게 된다. 그 필요성에도 불구하고 어떤 사람은 끝까지 저(菹)로 표기하는 것을 고수하였고, 또 어떤 사람들은 우리말 소리와 뜻에 비슷하게 한자를 조어해서 표현하기 시작한다. 그것이 침채(沈菜)이다. 홍만선(洪萬選)은 산림경제(山林經濟) (1715)에서 침채(沈菜)라는 한자를 쓰기 시작한다. 대부분의 사람들은 저(菹)를 19세기까지도 고수하였다. 홍만선은 특히 우리말을 음차하여 한자로 표기하는 경우가 많았다. 예를 들면 그의 책인 산림경제는 한자 이름 그대로 영어로 번역하면 Forest Economy(山林經濟)이다. 그러나 산림경제는 나무나 임학에 관한 경제학 책이 아니고 살림살이에 관한 책이다. 그래서 홍만선은 고민 끝에 이 책을 만들어 놓고 우리말 '살림'의 소리를 살려 '山林(산림)'으로 표현하여 살림경제〔山林經濟〕로 편찬하였다. 물론 '팀치'도 소리와 뜻을 살리는 말로 그럴 듯하게 '침채(沈菜)'라는 한자로 표기하였다. 그럼에도 이성우는 침채(沈菜)라는 글자가 임진왜란 전에는 나오지 않고 산림경제에 처음 나온다고 하여 그 이전의 모든 김치〔菹〕에 대한 기록을 무시하고 김치는 침채(沈菜)의 기록만 인정하려고 하였다[28].

다시 말하지만, 한자 표기 이전부터 있었던 우리말은 순수 우리말이고 나중에 표기된 중국〔한자〕에서 음식 이름의 기원이 결코 올 수 없다. 김치라는 말이 굳이 외래에서 왔다면 알타이어에서 왔다. 그렇지만 다른 알타이 계통 나라에는 김치가 없고 중국에도 없다. 따라서 김치는 순우리말이다. 다만 한글 창제 이후 일부에서는 침채(沈菜)라고도 표기하였다. 한글학자인 박갑수는 '딤치'에서 어떻게 '김치'가 되었는지에 대하여 매우 정확하게 논리적으로 제시해 주고 있다[29]. 김치가 '침채'에서 왔다는 주장은 우리말 '살림살이'가 산림경제의 '산림(山林)'에서 왔다는 잘못된 주장과 똑같다[30].

앞서 언급한 바와 같이 비빔밥〔부뷔움밥〕도 오래전부터 먹어왔음에도 비빔밥을 만드는 것에 대한 기록은 19세기 말 문헌에 나온다(시의전서). 그 이전의 비빔밥의 기록은 매우 많은데, 비빔밥의 한자어가 한 단어로 정착되기 전에는 많은 사람들이 오래전부터 불러왔던 비빔밥의 기록 필요성에 따라 각각 다르게 표현하였다. 비빔밥을 먹고 탈이 난 사건을 기록하고자 비빔밥의 뜻을 따서 혼돈반(混沌飯, 餛飩飯)으로 표기하였고(기재잡기(寄齋雜記); 임원십육지(林園十六志), 의림촬요(醫林撮要)), 부뷔움밥의 소리와 손을 이용한다는 뜻을 따라 한자로 표기하다 보니 부비반(捊批飯)으로 기록하기도 하였으나(명물기략(名物紀畧), 황필수(黃泌秀), 1870), 몇몇 사람들은 중국의 비슷한 음식의 이름, 여러 재료를 섞어서 만든 국인 골동갱(汨董羹)이란 이름을 보고 여러 재료를 섞어서 만든 밥이란 뜻으로 골동반(骨董飯, 骨董之飯)으로 표기하였다(몽유편(蒙喩篇), 장혼(張混), 1810; 오주연문장전산고; 동국세시기(東國歲時記), 홍석모(洪錫謨), 1849).

이 모든 것이 이성우의 '우리고추가 임진왜란 때 일본을 통해서 들어왔다'는 잘못된 주장에 기인한다.

따라서 이 책에서는 우리나라 고문헌에 나오는 고추에 관한 문헌을 분석하여 고추가 한 품종이었는지 살펴볼 것이다. 또한 생물학적, 유전적 분석을 통하여 고추가 한 품종이었는지, 지구상에 고추는 언제 출현하여 어떻게 전파되고 진화하였는지, 한반도에는 고추가 언제 들어왔는지, 과연 임진왜란 때 들어왔다는 번초나 남만초는 어떤 고추인지, 농경학적으로나 우리고추는 언제 뿌리고 수확하였는지, 식품학적으로 우리고추는 어떤 특성이 있는지에 대하여 연구하고 우리나라 김치, 고추장 등에 대한 기능성에 대하여도 이야기해 보고자 한다.

2

고추의 탄생, 전파, 진화

1. 고추의 종류와 유전자 분석
2. 고추의 탄생
3. 고추의 전파
4. 고추의 진화
5. 고추의 품종과 다양성
6. 문헌에서 본 고추의 다양성

임진왜란 때 멕시코 고추가 우리나라에 들어왔다는 설을 생물학적인 관점에서 보면, 그들 주장대로 멕시코 고추가 우리나라에서 그 짧은 시간에 우리고추로 진화될 수 있는지, 중남미 등 열대지방에는 고추가 나무로도 있는데 우리나라에는 왜 없는지, 나무가 풀로 쉽게 바뀔 수 있는지 등 여러 의문이 생긴다. 그리고 고추의 품종이 얼마나 있는지도 궁금하다.

고추가 일본에서 전래되었다는 주장이 있었던 1970년대는 여행이 자유롭지 못하여 세계의 고추를 다양하게 볼 수 없었다. 그런데 지금은 세계 여행이 자유로워 수많은 고추를 볼 수 있다. 또한 오늘날에는 유전자 분석이 가능하여 생물학적·유전학적 분석기술이 발달하여 고추의 기원까지도 알 수 있다.

고추(red pepper, chilli, 학명 Capsicum)는 가지과(Solanaceae)의 일종으로 가지(Solanum)와 토마토(Lycopersicon)와 기원이 같다고 본다. 세계적으로 널리 재배되고 있는 고추속(Capsicum)은 수십 종 크게는 수백여 종이며, 주로 재배되고 있는 종류로는 *Capsicum annuum*, *Capsicum baccatum*, *Capsicum chinense*, *Capsicum frutescens* 그리고 *Capsicum pubescens* 5가지가 있으며[31], 국내에서 재배되고 있

는 거의 모든 고추는 *Capsicum annuum*에 속한다. 아시아에는 중국, 인도, 타이, 인도네시아, 네팔, 몽고, 한국, 터키, 오키나와 등에 *Capsicum annuum*, *Capsicum baccatum*, *Capsicum chinense*, *Capsicum frutescens* 등 다양한 크기와 다양한 매운 맛의 고추가 있다.

1. 고추의 종류와 유전자 분석

앞서 언급한 바와 같이 고추가 임진왜란 때 들어왔다는 주장에 따르면, 지봉유설과 오주연문장전산고의 고추 기록으로 나와 있는 번초와 남만초가 멕시코 고추인 아히(aji)가 되며 동시에 우리고추가 될 수 있는 것은 이들이 한 품종일 때만 성립된다. 즉 콜럼버스가 가지고 온 고추와 일본에서 들어왔다는 고추, 그리고 우리가 주로 먹고 있는 고추가 같은 품종일 때만 성립되는 것이다. 만일 고추의 종류가 수없이 많아서 번초, 남만초, 아히, 우리고추가 각각 다른 종류라면 고추의 임진왜란 도입설은 성립될 수 없다. 이러한 주장이 맞는지 틀린지는 이들 고추가 한 품종일 가능성에 대해 유전학적 분석을 통한 과학적 분석을 하면 명백하게 알 수 있다. 따라서 본 책에서는 우리나라 고추와 땡초(唐椒)를 유전자 분석하고, 또한 이미 보고된 자료를 분석하여 우리고추와 임진왜란 때 들어왔다는 번초, 남만초, 아히 등을 유전자 분석하였다.

어떤 식물이나 동물이 같은 품종인지 아닌지를 아는 방법에는 가장 고전적인 방법인 표현형의 차이와 현대기술의 발달에 따른 유전형의 차이를 분석하는 방법이 있다. 즉 고추의 모양과 길이, 그리고 매운맛의 차이, 즉 표현형의 차이로 충분히 구분할 수 있다. 그림 10과 같이 아히(*Capsicum baccatum*)나 태국고추(*Capsicum annuum*)가 우리고추(*Capsicum annuum*)와 속(species)이 다른 고추라는 것은 육안으로도 쉽게 구분할 수 있으며, 매운맛의 차이도 매우 크다. 즉 번초를 가르키는 인도고추(naga jolokia, *Capsicum chinense*), 중남미 고추인 아히나 할라피뇨(jalapeno), 남만초를 가르키는 태국고추와 우리고추는 모양이나 크기, 매운맛 등의 표현형에서 확연히 차이가 난다. 이미 우리고추, 인도고추, 태국고추, 멕시코 아히 등의 품종이 서로 다르다는 것은 유전자 분석 이전에 속명이 다르다는 것을 보면 알 수 있다. 그렇기 때문에 세계를 돌아다녀 본 사람이나 웬만한 과학자는 멕시코 고추가 1492년에 콜럼버스가 유럽으로 가져갔다가 인도 · 동남아를 거쳐 일본을 통해 1592년에 우리나라에 들어와서 우리고추로 품종이 바뀐다는 것은 있을 수 없다는 것을 인정한다. 즉 아히, 할라피뇨, 인도고추, 태국고추, 우리고추가 품종이 모두 다르다는 것과 100년이란 기간에 멕시코 고추에서 인도 고추로 진화되고 다시 우리고추로 진화될 수 없다는 것을 생명과학자가 아니라도 알 수 있다. 그럼에도 임진왜란 때 일본 도입설을 주

멕시코 아히 고추

태국고추

우리고추

그림 10 표현형으로 본 멕시코 고추(aji) (*Capsicum baccatum*)와 태국고추(*Capsicum annuum*), 우리고추(*Capsicum annuum*)의 비교

장하는 사람들은 이러한 생물학적 결과를 인정하지 않으려고 한다.

좀 더 객관적이고 확실한 과학적 결과를 얻기 위하여 직접 고추의 유전자를 분석하였다.

왓슨과 크릭(Watson and Crick)[32]에 의해 생명체의 유전자인 DNA(deoxyribose nucleic acid)의 구조가 밝혀진 이래, DNA의 염기서열이 생거(Sanger) 등[33]에 의하여 최초로 분석 가능하게 되었다. 이후 생명과학기술의 발달로 사람의 유전자가 처음 분석(Celera Genomics, 2001)되었고, 그 뒤로 유전자 분석법의 발달이 급격하고 빨리 진행되어 왔다. 최근에는 NGS(next-generation sequencing) 기법이 발달하고 기계가 발달하면서 짧은 시간에 적은 비용으로 유전자 분석이 가능하게 되었다.

여러 고추의 유전자 분석(DNA sequencing)을 위해 NGS법을 이용하였으며, 모든 유전체를 분석한 결과와 기존의 다른 고추의 유전자 분석 결과와의 유사성을 비교하면 계통수(dendrogram)를 그릴 수 있다[34]. 유전자 분석이 가능하기 이전에도 표현형과 품종만 가지고 계통수를 그릴 수 있었는데, 유전자 분석 결과를 통해 기존의 종과 속을 나타내는 품종 계통수 그림이 얼마나 정확하였는지도 확인할 수 있다. 나아가서는 진화계통수(phylogenic tree)를 그릴 수 있다. 그리고 DNA 염기 서열을 지구상에 화석으로 남아 있는 동식물의 연대기와 비교 분석하면 고추가 지구상에 언제 나타났는지 절대연대(million year)를 알 수 있으며 더 나아가서 언제 두 갈래(node)로 진화되어 가고 있는지도 알 수 있다[35]. 즉 우리고추(*Capsicum annuum*)와 멕시코 고추(*Capsicum baccatum*)가 언제 갈라졌는지, 어떤 것이 지구상에 먼저 있었는지, 또 어느 정도에서 갈라졌는지를 알 수 있다. 이와 같이 유전자 분석을 통하면 멕시코 고추〔aji〕나 태국고추〔南蠻椒〕, 인도고추〔番椒〕가 그 빠른 시간(100년 내)에 우리고추로 진화될 가능성이 있는지를 정확히 확인할 수 있다. 왜냐하면 고추의 임진왜란 때 일본 도입설을 주장하는 사람들은 멕시코 고추가 우리 고추로 진화되었다고 하기 때문이다.

이와 같이 고추의 어느 한 품종인 멕시코 고추가 우리고추가 될 수 없다는 것을 밝히는 데 매우 중요한 진화계통수와 분화연대를 알기 위하여 현대 과학기술(NGS)을 통하여 고추 유전자 분석을 하였고, 연대기를 추정하기 위한 비교 시료로 쌀, 애기장대, 포도, 토마토와 감자의 게놈을 분석하였다[35]. 서울대학교 최도일 교수팀은 고추의 유전자를 통계분석하여 최종적으로 화석과의 연대비교를 통한 분화 연대를 측정하여 고추의 진화계통수를 그려냈다(https://en.wikipedia.org/wiki/Diversification_rates) (http://biorxiv.org/content/early/2017/03/09/115410)[36,37,38].

2. 고추의 탄생

불과 몇 년 전만 해도 지구상에 고추가 나타난 연대를 정확히 알 수 없었다. 고추가 임진왜란 때 일본에서 들어왔다고 생각하는 사람들은, 고추가 불과 몇 천 년 전에 지구상 어딘가(원산지)에 처음 있었다가 인간에 의해서 본격적으로 전파되었다고 생각하기 때문에 그러한 주장을 하게 된 것이다. 그러면서 콩의 예를 많이 든다(뒤에서 자세히 언급할 예정임). 그래서 아시아에는 1492년 콜럼버스(Christopher Columbus)가 신대륙을 발견하기 전에는 고추가 전혀 없었다는 전제하에 고추의 임진왜란 일본 도입설을 주장하는 것이다. 그리고 콜럼버스가 서인도 제도에서 갖고 온 고추가 아시아에 와서 수십 종의 고추로 짧은 시간에 진화되었다는 것이 성립되어야 그 주장이 과학적으로 맞다고 볼 수 있다. 아니면 콜럼버스가 수십 종의 고추를 유럽으로 갖고 들어가 수십 종의 고추의 품종과 생장에 맞는 농경학적인 특성, 그리고 그 지역의 기후와 풍토를 고려해서 각각 몽골, 헝가리 등에는 매콤달콤한 고추를, 인도나 태국에는 작고 아주 매운 고추를, 중국에는 인도보다 크면서 우리고추보다 매운 천초를 나누어 심게 하고 우리나라도 임진왜란 때 내몽고 고추처럼 덜 맵고 달달한 고추를 심게 하였다면 그 주장이 맞다고 볼 수 있다. 그러나 콜럼버스가 이렇게 다양한 품종의 고추를 가져갔을 가능성은 거의 없으며, 설사 가져갔더라도 각 지역의 풍토와 음식에 쓰이는 용도에 맞게 일일이 따로 나누어 주어서 키우게 하였을 가능성은 거의 없다. 그렇기 때문에 과연 콜럼버스가 갖고 온 고추가 우리나라에서 진화되어 우리고추로 되었을까? 생물학적으로 과연 가능할까? 이러한 부분을 유전학적으로 검토가 필요하다.

요즈음은 생명과학기술의 발달로 고추의 유전자 분석까지 가능하게 되어 우리나라 고추를 비롯한 세계의 다양한 고추의 유전자와 게놈 분석결과, 그리고 유전자 염기서열 분석을 통해 고추의 탄생과 전파, 진화와 그 방향을 추정할 수 있다.

지구의 역사가 약 50억 년이라면 아마 2500만 년 훨씬 이전에 지구상에 가지과(Solanaceae)가 나타나고 가지(Solanum)와 고추(Capsicum)가 분화된 것은 1960만 년 전이다(그림 11). 그리고 가지과에서 토마토(Lycopersicon)와 감자

(Tuberosum)가 분화된 것은 그보다 훨씬 이후인 694만 년으로 나타났다[36,38]. 유전자 분석 결과를 보면 1960만 년경에 지구상에 나타난 고추가 거의 1500만 년 이상 크게 진화되지 않다가 최근 200만 년 전부터 진화가 활발하게 일어났음을 알 수 있다.

재미있는 것은 고추 유전자의 염기쌍은 49억 개로 사람의 32억 개 염기쌍보다 거의 두 배 정도 많다[39,40]. 이러한 유전자 분석기술이 발달하기 전까지는 인간은 만물의 영장이기 때문에 어느 동물, 식물보다 유전자가 클 것으로 생각하였는데, 인간보다 고추의 유전자가 크다는 자체가 놀라운 일이었다. 이렇게 고추의 유전자가 사람보다 큰 것에 대하여 여러 가지 이야기가 있다. 기

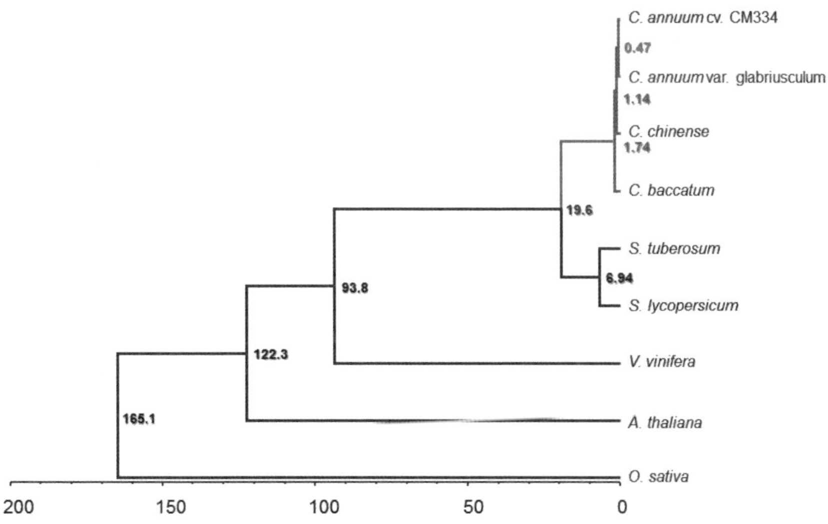

그림 11 고추의 탄생과 진화를 나타내는 유전자 분석을 통한 계통수. 숫자는 고추와 가지가 분화된 연도(백만 년)를 나타냄. Kim 등의 논문[36]에서 따옴

본적으로 식물에서는 전이인자(transposable element)라고 불리는 반복 배열(repeated sequence)로 유전자가 커졌다고 볼 수 있다[36]. 이러한 현상을 단순히 동식물의 차이라고 말할 수도 있다. 지구상에 먼저 나타난 것은 식물체이고 동물체는 나중에 나타났기 때문에 많은 사람들이 식물보다 동물이 진화된 생명체라고 생각하고 있으나 꼭 그렇다고 생각할 수만은 없다. 어떤 것이 먼저이든 진화의 진행 방향이 꼭 유전자가 늘어나는 방향으로만 가는 것은 아닌 것임을 보여 준다.

고추 유전자가 사람의 유전자보다 두 배 정도 크다는 것에 대하여 과학적으로 확증된 설은 아직 없다. 그러나 인류는 모든 조건의 환경이 바뀔 때마다 적응할 수 있도록 움직일 수 있지만 식물들은 움직일 수 없기 때문에 자체적으로 대응할 수 있는 유전자를 간직해야 하므로 고추 유전자가 더 크지 않을까 생각된다. 예를 들면 인간은 손발이 발달해서 햇빛이 갑자기 강해지면 그 피해를 덜 받기 위하여 그늘로 피하면 되지만 식물은 대응해서 살아남으려면 강렬한 햇빛에 대응할 수 있는 유전자가 필요하다. 인간은 이런 기능을 하는 유전자를 떼어버리면서 진화하기 때문에 사람 유전자가 고추 유전자보다 더 작다고 볼 수 있다. 요즘 자체 유전자도 중요하지만 동식물의 특성을 나타내는 또 하나의 유전학인 후생유전학(epigenomics) 측면에서 볼 때도 사람은 DNA에 메틸기(methyl-group)가 붙은 메틸화(methylation)도 DNA를 구성하고 있는 아데닌(Adenine), 사이토신(Cytosine), 타이민(Thymine), 구아닌(Guanine) 중에서 사이토신과 구아닌에서 일어나는데, 식물에서는 사이토신, 구아닌을 포함한 아데닌, 타이민 등에서도 광범위하게 일어난다. 인간은 생각할 수 있는 DNA가 발달하였고 의지대로 행동할 수 있으므로, 식물에서와 같이 필요한 수많은 유전자 중 인간에게 필요 없는 유전자를 진화 과정 중 떼어냈기 때문에 인간의 유전자가 고추보다 크게 적을 것이라고 많이 이야기되고 있다.

식물 품종과 종류를 이야기할 때 많이 언급되는 것이 원산지이다. 오래전(1981년) 브리태니커 백과사전에서는 고추의 원산지를 열대 중앙아메리카라고 언급하였으나 최근(2009년) 자료에는 고추의 원산지에 대한 언급은 아예 없애버리고 중앙아메리카와 열대 아시아 지역에서 광범위하게 재배되고 있다고 언급하고 있다(그림 12). 그만큼 고추의 원산지에 대한 논란도 많다는 증거이다. 유전자 분석과 고추가 새에 의하여 전파되었다는 사실을 모르는 상태에서는 당연히 고추의 원산지도 어느 지역이었을 것이라는 생각은 당연한 것이다.[6] 그러나 어떤 식물의 원산지를 이야기하는 것도 지극히 인간 중심인 인류학적인 이야기이다. 원산지가 어디라고 지정하는 것은 인류가 그 식물이나 동물을

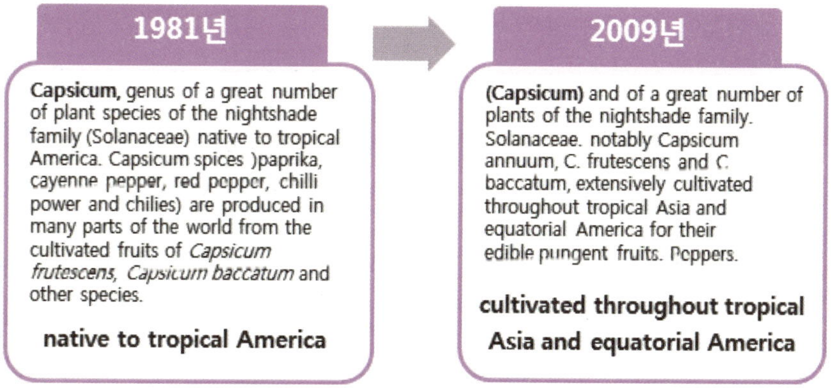

그림 12 브리태니커 백과사전에 나타난 고추의 기록 변화

인식하기 시작하였을 때, 그리고 인류 간에 큰 교류가 없었을 때 야생상태로 처음 발견되었던 특정 지역을 이야기한다. 즉 원산지가 특정 지역이었는데 그 후 사람에 의하여 여러 나라나 대륙으로 전파되었던 경우를 이야기한다. 이렇게 특정 생물의 원산지를 항상 이야기할 때면 사람 아니면 다른 지역으로 이동이 쉽지 않은 경우를 이야기한다.

따라서 고추가 사람에 의하여 주로 전파되었다면 원산지를 쉽게 이야기할 수 있는데, 인류가 지구상에 나타나기 전에 이미 광범위하게 퍼졌다면 원산지를 이야기하는 것은 쉽지 않다. 예를 들어 콩과 같은 경우는 보통 지금의 중국 땅이 되어 버린 동이족이 거주하는 만주지역이 원산지라고 이야기하면서 최초의 콩에 대한 고문헌의 근거를 제시한다[41,42,43]. 근거로 제시한 것이 최초로 콩에 대한 기록이고 이를 두고 이야기하는 것이 지극히 인류학적이지만, 만주지역이 아니라고 주장할 만한 자연과학적인 근거도 부족하다. 하지만 이들의 주장은 일리가 있다. 원론적으로 식물의 이동이나 전파는 바람이나 다른 동물에 의해 이루어지는데 콩의 경우는 동물이 씨〔콩〕를 먹으면 배아가 완전히 분해되어 동물에 의한 전파가 불가능하기 때문이다. 이러한 이유로 콩의 전파나 이동은 인류가 나타나기 전에는 쉽지 않았을 것이며, 콩의 이용 필요에 따라 전파되었을 것이다. 그래서 콩의 원산지의 특정이 어느 정도 타당하다고 본다.

그러나 1960만 년 전에 지구상에 나타난 고추는 콩과 다른 생물학적 특성이 있다. 고추는 바람에 의하여 전파될 확률이 적고 씨로 전파되는데 대부분 동물이 고추를 먹으면 고추씨가 분해되지 않고 배설물로 나오는 특성이 있다. 이와 같은 특성을 지닌 몇몇 식물이 있는데 수박씨도 동물이나 새에 의하여 쉽게 분해되지 않는다. 따라서 고추는 인류가 지구상에 나타나기 전에 동물에 의하여 여러 지역으로 광범위하게 전파되어 나갈 가능성이 크다. 실제로 여러 고추 품종이 지구상에 존재하기 때문에 인류학적인 측면에서 원산지를 일방적으로 특정하는 것은 쉽지 않다.

흔히 요즈음과 같이 고추를 재배하는 나라가 많은 경우 식물의 원산지를 찾을 때 보통 야생종이 자라는 지역을 보면 그 지역을 원산지라고 이야기한다. 어떤 사람은 고추나무가 발견되면 고추의 야생형이라고 칭하며, 자라는 지역인 중남미나 인도 지역을 고추의 원산지로 이야기하기도 한다. 그러나 생물학적인 사실로 보면 고추나무가 있고 없고는 원산지 특정에 아무 관련이 없다. 고추가 서리를 맞지 않고 다년생이 되면 목질화되어 고추나무가 된다. 우리나라에서도 온실에서 고추를 오랫동안 기르면 고추나무가 된다(그림 13). 같은 가지과 식물인 가지나무도 마찬가지이다(그림 14). 만일 고추가 씨로 전파되지 않고 나무로만 전파된다면 고추나무가 발견되는 곳이 원산지라는 주장이 맞다. 그런데 온대지방에 고추나무가 없음에도 고추가 계속 자랄 수 있는 것은 고추가 씨로 월동되고 씨로 전파되기 때문이다. 고추나무가 없는 것은 원산지가 아니라서가 아니라 단지 기후가 추어져 서리가 내리면 다년생인 고추나무로 사라지 않기 때문이다. 그러나 다음 해에 고추는 씨에 의하여 야생으로 자란다. 따라서 이성우와 최남선이 주장하는 다년생인 고추가 우리나라에 들어와서 일년생 고추로 바뀌었다는 주장[4,5]은 성립되지 않는다. 동시에 중남미가 고추의 원산지란 주장이 절대적으로 맞다는 근거도 없다. 사실 고추와 같이 인간에 의하여 전파되지 않은 식물에 원산지를 논하는 것 자체가 무

그림 13 고추가 서리를 맞지 않고 오래되면 목질화되어 고추 나무가 됨(충남 농업기술원 제공)

의미하다.

고추가 임진왜란 때 도입되었다고 주장하는 사람 중 혹자는 고추의 한자 표현인 초(椒)자에 풀초변(艹)이 없고 나무변(木)이 있는 것으로 봐서도 한자 고초 초(椒)가 풀〔고추〕이 아니고 나무와 같은 종류〔산초, 후추〕라고 주장하는 사람도 있다. 그러나 이는 앞서 언급한 고추의 생물학적 특징을 전혀 모르기 때문에 하는 말이다. 고추는 열대지방에서는 다년생으로 목질화되어 나무가 된

그림 14 같은 가지과 식물인 가지도 목질화가 됨

다는 사실을 전혀 알지 못하기 때문이다.

3. 고추의 전파

사람이 지구상에 나타나기 훨씬 전인 1960만 년 전에 지구상에 나타난 고추는 언제, 어떻게 오늘날과 같이 다양한 나라에 전파되었을까? 고추 같은 씨가 바람이나 일반 동물에 의해 지구상 곳곳에 광범위하게 전파되기는 어렵다. 앞에서 이야기하였듯이 멀리 대륙을 날아갈 수 있는 새에 의하지 않고는 지구상 곳곳에 전파되지 않는다. 과연 인류가 아닌 다른 동물에 의하여 전파되었을까? 이에 대한 과학적인 관찰이 필요하다.

식물이나 식량자원이 전파되는 것은 보통 두 가지로 본다. 인문학자들이 주로 생각해 낼 수 있는 것은 필요에 따라 사람에 의하여 전파되는 경로이고, 다른 하나는 인문학자들이 전혀 생각해 내지 못하는 새나 쥐 등 동물에 의하여 전파되는 경우이다. 즉 주로 식물의 뿌리나 씨를 통하여 바람이나 동물이나 새에 의하여 전파되는 경우이다. 소나무나 단풍나무 등 뿌리나 바람에 의하여 씨가 전파되는 것은 전 세계적으로 퍼지는 데 한계가 있고 동물이나 새에 의하여 씨를 먹고 날아가거나 멀리 가서 씨를 똥으로 배설하여 번식하는 경우가 있는데, 고추가 여기에 해당된다. 한편 콩과식물은 새와 같은 동물이 먹으면 씨 자체가 소화되어 버려 멀리 전파되지 않기 때문에 사람에 의하여만 전파된다고 말할 수 있다.

새나 동물에 의하여 전파되는 경우 조류나 포유류가 먹어서 소화되지 않고 똥으로 씨 형태로 배설되는 경우만 해당된다. 박과 식물이 이에 해당된다. 물론 얼마나 멀리 가느냐에 달려 있고, 해당 지역의 기후도 맞아야 한다는 조건하에서이다. 그러나 고추와 같은 경우는 아무 동물이나 먹고 씨로 배출할 수 있는 것이 아니다. 대부분의 동물들은 고추를 입에 대지도 않기 때문에 동물들이 고추를 전파할 가능성은 없다. 왜냐하면 사람을 포함한 대부분의 포유류는 매운 맛을 느끼는 통각 리셉터(vaniloid receptor, TRPV1)[44,45]가 발달하였기 때문에 매워서 고추를 먹을 수 없다(그림 15).

그러나 조류는 매운 맛 성분의 통각 리셉터가 없는 경우가 많다[1,46]. 그렇다고 아무 새나 고추를 먹을 수 있는 것은 아니다. 따라서 생물학적으로 볼 때

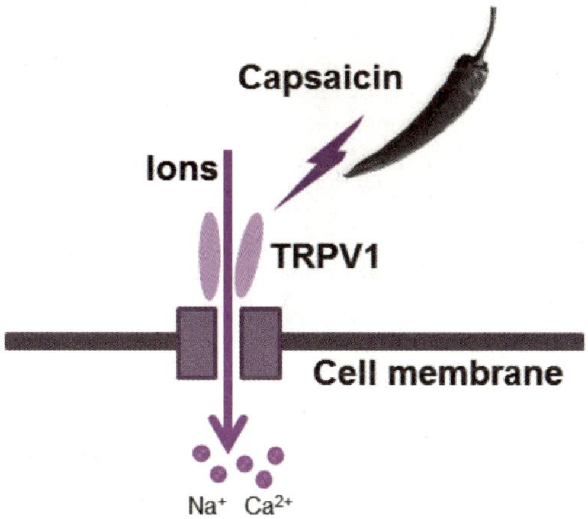

그림 15 고추 캡사이신의 리셉터인 통각 리셉터, TRPV1[45]

세계 지역에 고추가 어떻게 전파되었는지 각 지역마다 갖고 있는 고추의 품종, 형태, 그에 따른 매운 맛 세기와 특성을 분석하는 것은 매우 흥미 있는 일일 것이다.

1960만 년 전에 나타난 고추는 다른 대륙에 전파되었는데, 최근 Tewksbury 등[1,47]의 논문 결과를 보면 새(avian)가 고추를 먹고 멀리 날아가서 똥을 쌀 때 그 안에 고추씨가 있어서 전파되었음을 알 수 있다. 새에는 고추의 주성분인 캡사이신(capsaicin)의 리셉터인 통각리셉터(TRPV1)가 없음을 밝힘으로써 새가 고추를 먹고 멀리 날아가 똥을 싸고, 그 배설물 속에 있는 고추씨가 전파되었음을 알아냈다(그림 16).

태국에도 고추를 매우 잘 먹고, 똥으로 고추씨를 배설하는 앵무새와 같이 말을 잘하는 새(그림 17)가 있다.

Seed dispersal

Directed deterrence by capsaicin in chillies

The primary function of ripe, fleshy fruit is to facilitate seed dispersal by attracting consumers[1,2], yet many fruits contain unpleasant-tasting chemicals that deter consumption by vertebrates[3]. Here we investigate this paradox in the chilli (*Capsicum*) and find that capsaicin, the chemical responsible for the fruit's peppery heat[4], selectively discourages vertebrate predators without deterring more effective seed dispersers.

그림 16 새(avian)에 의한 고추의 전파되었다는 Nature 논문[1]

진화가 먼저 일어나서 다양해졌을 것으로 논란을 부추기는 사람이 있는데 풍토가 변하지 않은 한 장소에서는 진화가 일어날 필요성이 없을 것이다. 따라서 고추의 원산지가 중남미이며, 중남미 고추, 특히 아히를 1492년에 콜럼버

그림 17 태국에 서식하는 새(talking bird, *Common hill myna*, Gracula religiosa)로, 앵무새와 같이 말을 잘 하며, 고추를 잘 먹고, 똥으로 고추씨를 배설함

스가 유럽에 갖고 들어가서 인도, 일본을 거쳐서 1592년 임진왜란 때 우리나라로 들어와서 우리고추로 되었다는 것은 생물학적으로 전혀 성립될 수 없다.

그러면 언제 한반도에 고추가 들어왔을까? 이것은 지극히 인문학적인 이야기로 모두 사람이 고추를 들고 왔을 것으로 생각하는 데에 기인하는 것이다. 우리나라에서 계속 재배해 왔던 우리 전통 고추 두 품종의 유전자 분석 결과, 이미 47만 년에 분화된 고유의 두 품종이다(그림 18). 47만 년 이전에 두 종류의 품종의 고추[고초당초]가 한반도에 들어와서 존재하고 있었는지 아니면 수백만 년 전에 우리나라에 들어온 고추가 진화되어 47만 년 전에 두 품종으로 나누어졌는지는 정확히 알 수 없다. 유전자 분석 결과, 두 고추가 매우 밀접한 것으로 보아서 다른 품종이 우리나라에 들어왔을 가능성보다 우리나라에 들어온 다음 진화되어 분화되었을 가능성이 어느 정도 높다. 우리나라 고추는 지역적으로 먼 중남미의 매운 고추보다는 지역적으로 가까운 만주, 중앙

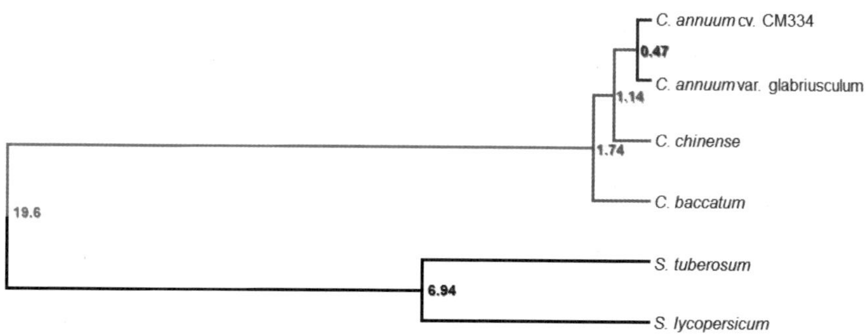

그림 18 우리나라 고추(*C. annuum* cv CM334 vs *C. annuum* var glabriusculum) 유전자를 분석하기 위한 고추 유전자 분석 진화 계통(Kim 등의 논문[36]에서 따옴)

아시아 헝가리 고추와 유전적으로 비슷하다고 볼 수 있다. 우리나라 고추 안에서도 매우 비슷한 두 고추가 47만 년 전에 분화되었기 때문에, 우리고추와 거의 비슷하다고 하는 중앙아시아나 헝가리 고추는 우리나라 고추와 50만 년 이전에 갈라졌을 것이다. 어떤 경우든 적어도 50만 년 전보다 훨씬 이전에 우리나라에 고추가 유입되었을 가능성이 있다.

이러한 유전자 결과를 뒷받침하듯, 몇 백 년 전의 문헌을 보면, 우리나라 고추를 언급할 때 두 단어를 같이 사용하고 있음을 알 수 있다. 고초호초, 고초당초, 고추땡초, 호초천초 등으로 같이 나오는 경우가 많다(시집살이, 음식디미방, 훈몽자회). 여기서 과학적으로 분명한 것은 우리가 육안으로 구별하기 매우 어려운 우리나라 고추 두 가지가 갈라진 것도 적어도 50만 년 이상 걸린다는 것이다.

이와 같이 고추는 지구상에 인류가 나타난 시기(짧게는 50만 년, 길게는 400만 년)보다 훨씬 이전부터, 지구상에 나타나서 전파되고 진화되어 각 지역으로 전파되었음을 알 수 있다. 현재로서는 어느 지역에서 처음 고추가 분화하였는지 알 수 없지만, 유전자 분석을 통하여 고추가 어떤 방향으로 진화되었는지는 알 수 있다.

4. 고추의 진화

현재 지구상에는 거의 수백 종에 이르는 고추가 재배 또는 자라고 있다. 이들 다양한 고추는 수천 만 년 전에 진화된 것이 아니라 적어도 수백 만 년 전부터 진화가 진행되었다. 실제로 고추가 거의 2000만 년 전 지구상에 나타나서 새에 의하여 각각 대륙에 전파한 뒤 언제, 어떻게 진화하였는지 유전자 분석을 통하여 분석하였더니[38,47], 고추가 지구상에 나타난 지 1600만 년 이상 지나서 대부분 최근인 100~300만 년에 다양한 종으로의 진화가 일어난 것으로 보인다(그림 11, 그림 18). 이는 고추씨가 새에 의하여 일단 전파되어 새로운 땅의 기후나 환경에 적응하기 위하여 다양하게 진화되었을 것으로 본다. 즉 유전자 분석 결과 고추는 천만 년 이상 몇 개의 소수 품종을 유지하고 있다가 각 대륙에 퍼진 후 비교적 최근인 200만 년 전부터 급격히 다양한 품종으로 진화되었다고 볼 수 있다. 어떤 이는 고추가 지구상 어느 지역에서 먼저 진화가 일어나서 다양해졌을 것으로 주장하기도 하는데 일반적으로 고추가 전파되지 않고 한 장소에만 머무를 경우는 그렇게 진화가 일어날 필요성이 없었을 것이므로 타당하지 않다.

오늘날 중국, 인도를 비롯한 아시아, 아프리카, 유럽, 아메리카 등의 모든 대륙에서 그들 고유의 다양한 품종의 고추가 자라고 재배되고 있다. 아시아는 비교적 민족이나 국가별로 거의 고유의 한두 품종 이상의 고추가 특징적으로 재배되고 있는데, 중남미에서는 국가별 특정지어지지 않은 수십 종의 다양한 고추 품종이 자라고 있다. 중남미 고추 품종만 하더라도 거의 백여 종에 이른다.

유전자 분석으로 고추의 진화 과정을 살펴보면 우리나라 고추로 대표되는 매콤달콤한 우리고추(*Capsicum annuum*)와 중남미의 아히(aji)로 대표되는 매운 고추(*Capsicum baccatum*)가 분화된 것은 175만 년 전으로 알려졌다(그림 18). 또한 고추의 유전자 분석으로 고추의 진화 과정을 나타내는 진화 계통수를 그린 결과[48,49] (그림 19), 우리나라 고추(*Capsicum annuum*)는 175만 년에 분화된 다음에 활발히 진화가 이루어지지 않았으나 대부분 열대 지방에서 자라는 매운 고추(*Capsicum baccatum*)는 더 다양하게 진화가 이루어졌음을 알 수 있다. 즉 터키, 중국, 헝가리, 만주 지방 등 우리나라와 같은 온대 지방에서 자라나는 고추는 진화가 활발하게 진행되지 않았으나, *Capsicum annuum*에서 분화되어 나온 주로

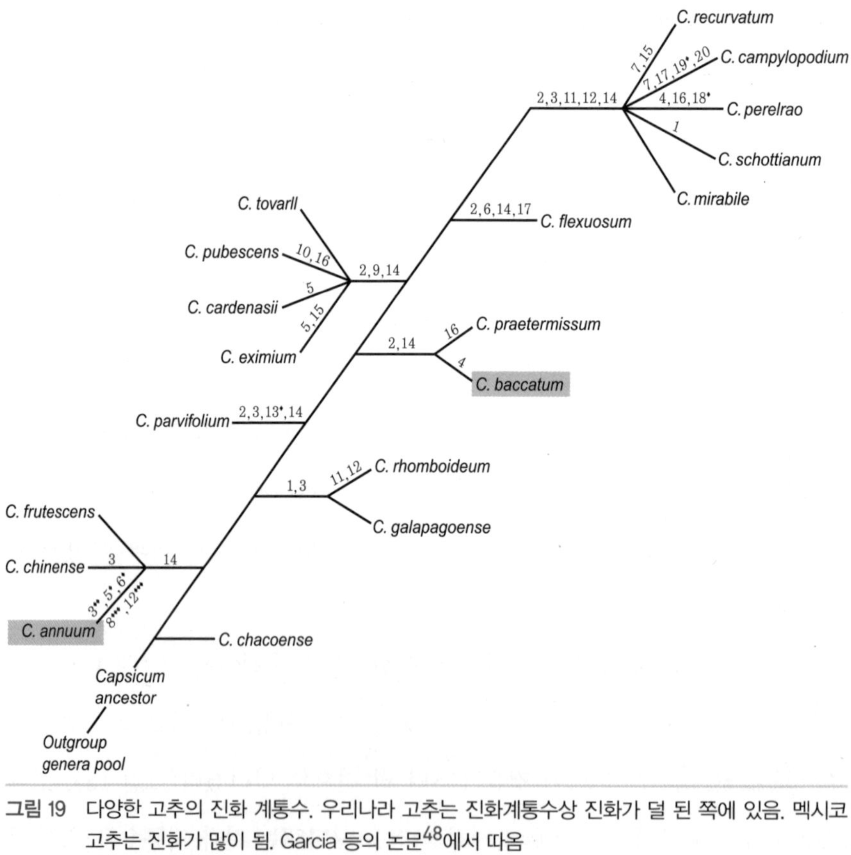

그림 19 다양한 고추의 진화 계통수. 우리나라 고추는 진화계통수상 진화가 덜 된 쪽에 있음. 멕시코 고추는 진화가 많이 됨. Garcia 등의 논문[48]에서 따옴

열대 지방에서 많이 나는 고추는 훨씬 다양하게 진화되었다. 그 이유는 확실하지 않으나 아마도 열대 지방의 기후나 풍토가 더 격정적이어서 거기에 맞게 진화도 계속 진행된 것으로 생각된다. 동시에 매운 맛도 열대 지방의 고추가 훨씬 매워졌는데, 아마도 온화한 조건이 아닌 지방의 고추일수록 매워지는 쪽으로 진화된 것으로 보인다. 여기에 대해서는 앞으로 많은 연구가 필요하다.

따라서 중남미 또는 멕시코 고추가 몇 백 년 안에 우리고추가 되었다는 주장도 시간적으로 성립될 수 없다.

5. 고추의 품종과 다양성

고추의 품종은 얼마나 다양할까? 우리나라 사람들이 외국에 나갈 기회가 없을 때는 고추가 그렇게 다양한지 미처 알지 못하였다. 아마도 1960년대에 일본 도입설을 주장하였던 사람들은 그 다양성을 몰랐을 것이다. 고추는 현재 전 세계의 네 번째로 풍부한 채소작물로 (http//www.AVRDC.org, 1992), 우리나라에서는 쌀 다음의 주된 작물이다. 세계인들이 많이 먹고 있는 채소작물 중 하나이며, 100종 가량이 세계 각국에 다른 형태로 존재하는 것으로 알려졌다(그림 20).

특히 우리나라의 고추 형태와 같은 길쭉한 고추는 물론이고 파프리카와 같은 둥근 형태를 하고 있는 종류도 있는데, 이들 대부분은 캡사이신으로 대표되는 매운맛 역시 각각 달라 우리나라 고추에 비해 거의 맵지 않은 고추에서부터 우리나라의 가장 매운 고추로 대표되는 청양고추보다 200배 이상 매운 고추도 존재한다. 또한 열매 역시 우리나라 고추와 같이 줄기 중간에서 열

그림 20 다양한 고추가 있음을 나타내는 고추 홍보 그림

려 내려가는 것도 있고 줄기 꼭대기에서 열려 하늘로 바라보는 것(그림 21), 중간에 열려서 길게 자란 뒤 하늘로 치켜 올라가는 것도 있다.

이와 같이 고추의 종의 다양성은 현재의 유전자[DNA 분석, 게놈(유전체, genome)] 분석을 이용해 생물학적으로 확인할 수 있다[49]. 앞서 언급한 바와 같이 생물학적으로 볼 때, 열대 지방과 같이 서리가 내리지 않는 지역에서는 고추와 같이 가지과 식물은 목질화(木質化, lignification)되어 다년생의 나무로 자라기도 한다(그림 13, 그림 14).

아시아에서 고추는 생각보다 많은 민족이 다양한 음식에 사용해 왔으며

그림 21 하늘로 열매를 맺는 고추의 일종인 앙천초(仰天椒)

전 세계적으로 보아도 광범위하게 재배되어 왔고, 용도에 따라 그 품종도 매우 다양하다(그림 22).

대표적으로 몇몇 고추의 특성을 살펴보자. 먼저 페루의 아히(aji, *C. baccatum*, 이성우는 우리나라로 들어온 고추가 멕시코 아히라고 했음)를 보면, 그 생긴 모양이 둥글면서 쭈글쭈글한 것이 특징이다. 또 그 맛은 우리나라 청양고추보다 매운 것으로 알려져 있다(그림 23). 우리에게 잘 알려진 것은 유명한 타바스코 소스의 원료로 사용되고 있는 중남미 지방의 타바스코 고추(*Capsicum frutescens*)인데 보통 청양고추보다 3~4배 매운 것으로 알려져 있다. 맵기로는 북중미의 길쭉한 고추인 할라피뇨(jalapeno, *C. annuum*)가 있는데 우리고추보다 20~30배 맵다고 알려져 있다. 대부분은 고추를 그냥 건조하여 사용하는 대신 그대로 썰어서 먹거나 조분쇄하여 소스로 이용한다. 인도의 경우는 고추 즙을 짜내어 다른 냄

그림 22 세계 각국의 고추의 재배분포와 종의 다양성

그림 23 중남미 지방의 고추의 종류

새를 제거하는 향신료로 많이 이용한다.

중남미에서 유럽으로 모든 고추가 건너갔다고 하면 고추의 형태가 중남미와 비슷하여야 한다. 하지만 사실상 그렇지 않고, 다만 유럽에는 지중해를 끼고 있는 이탈리아 근방에서 할라피뇨와 비슷한 고추(Pepperoncini, *C. annuum*)가 생산되고 있다(그림 24). 스페인, 동유럽에서 가장 많이 재배되고 있는 고추는 요즈음 우리나라에서 피망으로 불리는 고추로, 둘 다 매운 맛이 거의 없다. 우리나라 고추와 매우 비슷한 고추를 재배하고 있는 헝가리 지방에서는 고추를 파프리카라고 부른다. 헝가리에서는 다른 유럽과 달리 고추가 건고추로 시장에서 유통되고, 고춧가루를 만들어 식품에 이용하고 있다. 같은 우랄알타이어족인 터키도 헝가리와 거의 같은 고추가 있으며, 우리나라와 비슷하게 말린 후 고춧가루를 만들어 식품에 이용하기도 한다.

동남아시아에는 세계에서 고추의 맵기로 유명한 인도의 나가졸라키아(Naga Jolokia, *C. chinense*)가 있다. 확실하지는 않지만 학명으로 보아 중국(아니면 중국 변방)에서 많이 생산되어 왔을 것으로 생각되는데 모양이 길쭉하지는 않지

페퍼론치니 (Pepperoncini) | 파프리카 (Paprika) | 헝가리의 말린 고추 | 헝가리 고춧가루

그림 24 유럽 지방의 고추의 종류

만 매운 정도는 청양고추의 수백 배에 이른다. 또한 태국의 타이핫(Thai Hot, *C. annuum*) 역시 그 형태는 우리나라 고추와 매우 비슷하지만 크기가 작고 청양고추에 비해 50~60배 매운 것으로 알려져 있다(그림 25).

중국에서도 고추가 생산되며 고추를 이용하여 만든 음식이 많이 알려져 있다. 이름은 카예네(Cayenne)이며 학명은 우리나라 고추와 같은 *C. annuum*으로 우리고추보다 약간 맵다. 참고로 일본에는 길지 않고 약간 둥근 고추가 오키나와 지방에서 제한되게 생산되고 있다. 일본에서는 이 고추를 남만호초(南蠻胡椒)라고 부르고 있다. 또한 성형도설(成形圖說)에 언급된 바와 같이 임진왜란 때 조선에서 고추가 들어왔다고 하여 우리고추를 高麗胡椒(これごしゅ, 고려호초)라고 불렀다. 생물학적으로 보면 오키나와 고추와 우리고추가 분명히 다르고 남만호초, 즉 오키나와 고추는 우리고추보다 오히려 태국고초나 인도고추에 더 가깝다(그림 25).

위와 같이 인간이 지구상에 나타나기 시작하기 전에 고추의 품종이 다양하게 진화하였기 때문에 다양한 고추 품종의 생산지가 다를 것으로 추정할 수

그림 25 아시아 지방의 고추의 종류

있다. 예를 들면 우리고추는 주로 북동아시아나 알타이어족 등 온대 국가로 추정할 수 있고, 아히나 할라피뇨는 중남미, 나가졸라키아는 인도 등 열대 지방 고추로 추정할 수 있다. 따라서 이러한 다양성 때문에 중남미 고추의 아히가 임진왜란 때 들어와서 우리고추가 들어왔다는 설은 더욱 설득력이 없다.

현재의 생태학적 측면에서 바라본 생물학 기술로 볼 때도 '1492년에 남미에서 유럽으로 전래된 아히(*C. baccatum*)라는 고추가 200~300년 안에 생물학적으로 분화되어 동북아시아의 *C. annuum*, 인도의 *C. chinense* 고추로 자연적으로 분화되었다'는 것은 불가능하다(그림 19). 이 결과는 앞서 언급한 바와 같이 DNA 염기배열 순서 등 유전학적 분석과 일치한다[36,38]. 200~300년이 아니라 200~300만 년이 걸려도 아히가 우리고추 방향으로 진화하지 못한다. 이러한 점으로 볼 때, 고추는 다양한 국가에서 각각 다양한 품종으로 수만 년 이상 자라왔으며, 적어도 수천 년 이상 재배되어 왔다. 결론적으로 중국에도 오랫동안 고추가 재배되어 왔음을 보여 주고 있다. 더 나아가 우랄알타이어족인 헝가리에서 우리와 같은 종류의 고추가 재배되고, 육개장과 같은 굴라시(goulash) 등 비슷한 형태로 음식에 이용된다는 것은 알타이어족끼리 서로 분화되어 갔을 가능성이 매우 클 수 있다.

6. 문헌에서 본 고추의 다양성

생물학적으로, 또 유전학적으로 다양한 품종의 고추가 다양한 대륙에 걸쳐서 수백만 년 전부터 존재함이 밝혀졌다. 놀랍게도 우리나라와 중국의 고문헌에서도 다양한 고추가 언급되어 있다[50].

고추의 다양성에 대하여는 정조(正祖)가 썼다고 하는 홍재전서(弘齋全書)에도 기록되어 있다. 정조가 김달순(金達淳)에게 '椒(초)에는 어떤 종류가 있는가?/椒果何物歟' 물었을 때, 대답하기를 '초의 종류는 매우 많으니, 촉초(蜀椒), 진초(秦椒), 단초(丹椒), 대초(大椒), 호초(胡椒) 같은 것들이 있습니다/椒之種甚多有蜀椒秦椒丹椒大椒胡椒之別'라고 대답한 것을 보면 얼마나 많은 종류의 고추가 아시아 대륙에 알려졌는지 알 수 있다. 물론 김달순은 중국을 포함한 문헌을 중심으로 자기가 알고 있는 지식 안에서 대답하였을 것이다. 6세기 중국 북위(北魏)의 가사협(賈思勰)이 쓴 제민요술(齊民要術)에 초(椒), 진초, 촉초, 호초가 구분되어 다양하게 나오고, 이성우가 번초가 나오지 않는다고 고추의 일본 도입설을 주장했던 본초강목(本草綱目)(이시진, 1596)에도 정작 번초라는 이름만 나오지 않을 뿐, 고추[椒], 호초, 진초, 촉초 등 고추의 종류는 다양하게 나오고 있다.

홍재전서를 중심으로 다른 고문헌에 나오는 고추를 나타내는 한자 명칭들을 살펴보면 진나라, 촉나라, 당나라 등 중국의 옛 국가를 나타내는 이름이 있는가 하면, 호초, 번초, 남만초 등 중국의 주변 국가(오랑캐 국가)의 이름이 붙어 있음을 알 수 있다. 이를 보면 중국에서 볼 때, 중국을 끼고 있는 사방의 오랑캐 국가(東夷, 北狄, 西戎, 西胡, 南蠻, 南西番 등)에 각기 고추가 있음을 알 수 있다. 즉 우리나라를 포함한 만주 지역 동이에는 고쵸〔椒〕, 서융(西戎)을 끼고 있는 북서 오랑케〔胡〕 나라에는 호초(胡椒), 남번(南番, 티베트를 吐蕃이라고 함) 등 남서 오랑케〔番〕 나라에는 번초(番椒), 남쪽 해양 야만족인 오랑캐〔蠻〕 나라에는 남만초(南蠻椒)가 있었음을 보여 주고 있다. 중국 이외의 국가를 오랑캐로 보는 중국입장에서 보면 중국인에게는 다양한 매운 맛을 내는 고유의 촉초(蜀椒), 진초(晉椒), 당초(唐椒)가 존재하고 있었음을 보여 주고 있다(그림 26).

홍재전서나 본초강목에 임진왜란 때(1592년) 들어왔다는 남만초, 번초(蕃椒, 番椒), 왜개자(倭芥子), 왜초(倭草, 倭椒)라고 하는 소위 남방고추가 위에서 말한 초(椒)의 종류에 언급되지 않은 것을 보면 분명 그 번초는 중국에서 흔하지 않고, 우리나라에도 남방을 통하여 늦게 들어온 낯선 고추인 것으로 보인다.

그림 26 고문헌에 나오는 중국에서 볼 때의 다양한 고추의 한자 표기

만일 이러한 고추가 임진왜란 전 중국을 포함한 아시아에는 전혀 없었다면 이렇게 다양한 고추의 종류가 언급되지 않았을 것이다. 또한 초(椒)가 후추라면 더욱이 이러한 다양한 초의 기록은 있을 수 없다. 왜냐하면 후추는 씨가 부서지기 때문에 새에 의한 전파는 일어날 수 없어 광범위하게 여러 대륙으로 전파되지 않아 원산지를 인도 남부라고 특정지어도 무방하며, 동시에 품종도 거의 한두 가지이다. 후추는 원산지가 인도 남부일 뿐만 아니라 우리나라 등 온대 지방에서는 자라지도 않는다(오주연문장전산고, 호초변증설(胡椒辨證說)).

유전자 분석결과는 우리나라에는 고추가 길게는 몇 백 만 년 전부터 짧게는 적어도 몇 만 년 전부터 우리 고유 품종으로 있었음을 보여 주고 있다. 우리나라 고추는 중남미 고추, 인도고추, 태국고추와 분명 다른 고추로 존재하고 매운 맛과 생물학적 형태도 다르다. 물론 많은 고문헌에서도 고추가 임진왜란 이전 수백 년–천 년 전에 존재함을 보여 주고 있다. 다음 장에서는 이러한 고문헌 분석을 통하여 유전자 분석결과를 뒷받침하는지를 알아보고자 한다.

3

고문헌 분석을 통한 고추의 역사 바로 세우기

1. 고문헌 분석
2. 고추에 관한 문헌
3. 고추장에 관한 문헌
4. 김치에 관한 문헌
5. 음식디미방에 언급된 고추

1970년대에는 문헌의 디지털화가 제대로 되어 있지 않아 당시 학자들은 몇몇 문헌에만 의존할 수밖에 없었다. 그러나 오늘날에는 많은 고문헌이 디지털화되어 보다 객관적이고 전반적인 검토가 가능하였다. 또한 고문헌에 나오는 우리나라 식품이나 순우리말의 표기 등을 검토하여 어원 등도 과학적으로 분석이 가능하게 되었다.

1. 고문헌 분석

이성우가 고주가 임진왜란 때 일본에서 들어왔다고 주장한 1970년대에는 지봉유설(芝峰類說)(이수광, 1614), 오주연문장전산고(五洲衍文長箋散稿)(이규경, 1788~?), 산림경제(山林經濟)(홍만선, 1715), 증보산림경제(增補山林經濟)(류중림, 1766) 등 살펴볼 수 있는 문헌이 제한적이었다. 훈몽자회(訓蒙字會)(최세진, 1527), 기재잡기(寄齋雜記)(박동량, 15세기), 식료찬요(食療纂要)(전순의, 1460) 등의 자료 등도 쉽게 보기 어려웠으며, 특히 나중에 발견된 산가요록(山家要錄)(전순의, 1460) 등의 자료는 더욱 보기 어려웠다. 그러나 요즈음은 DB(Data Base) 기술의 발달과 정부의 노력으로 우리가 접근할 수 있는 고문헌 범위가 매우 넓어져서 일정한 접근 권한을 가진 도서관에서 검색이 가능하다. 참고로 본 책에서 검토한 고문헌 종류와 소장처를 부록 1에 표기하였다.

또한 1970년대에는 한자를 아는 사람들만 스스로 문헌을 해석한 경우가 많아 잘못 번역하거나 잘못 해석할 여지가 상당히 많았는데 최근에는 '한국고전번역원' 등의 국책기관에서 체계적으로 번역하고 있어 번역의 오류 가능성도 크게 줄어들었다. 다만 과학적인 측면에서, 예를 들면 고문헌 기록 당시의 무게(근, 돈), 부피(되, 말) 등을 나타내는 도량형은 오늘날의 도량형과 큰 차이가 나는데, 과학적인 검토 없이 일률적으로 적용한 부분은 큰 오점으로 남아 있다.

2. 고추에 관한 문헌

문헌에서 고추의 종류를 분석할 때 우리는 먼저 두 가지 사실에 근거하여 접근해야 한다. 첫째는 앞에서 언급한 바와 같이 '고추의 종류는 다양하고, 그 품종의 종류에 따른 원산지도 다를 것이다.'라는 것이고, 둘째는 '한국, 일본, 중국의 문헌이 과학적으로 오류가 있을지 몰라도 적어도 있는 사실을 그대로 기술하였을 것이다.'라는 점이다.

문헌에서 고추〔한자의 경우 초(椒)〕에 대하여 다양하게 언급된 것을 살펴보면 기원전 551-479에 지어졌다는 시경(詩經)에서 초(椒)가 처음 언급된다(부록 2, 고추에 관한 고문헌).

시경(詩經) / 국풍(國風) / 당(唐) / 초료(椒聊) : "椒聊之實이여 蕃衍盈升이로다 彼其〔音記〕之子여 碩大無朋이로다 椒聊且(저)〔子餘反〕여 遠條且로다" 고추의 열매여 번연(蕃衍)〔번성〕하여 한 되에 가득차도다 저 그 사람이여 석대(碩大)〔큼〕하여 짝할 이가 없도다 고추여 가지가 멀리 뻗었도다

- 이성우 이후 많은 사람이 이것은 고추가 아니라 후추〔胡椒〕라고 번역함. 그러나 이 椒는 꼭 후추가 아닐 수도 있음

시경은 동시에 김치의 어원인 '저(菹)'가 처음 나오는 문헌으로 많이 인용되고 있다. 따라서 중국에 오래전부터 고추가 있었음을 보여 주고 있으며, 그 후 233~297년에 지어진 서진(西晉)의 진수(陳壽)가 저술한 삼국지(三國志) 위지동이전(魏志東夷傳)에는 고추가 있었음을 나타내는 초(椒)가 나온다.

삼국지(三國志) 위지동이전(魏志東夷傳): "有姜, 桔, 椒, 蘘荷, 不知以爲滋味" 생강과 귤, 초(椒)와 양화가 있지만, 맛이 있는 줄 알지 못한다

- 夷라는 것은 番, 南蠻의 蠻과 함께 오랑캐라는 뜻이며 고추가 다른 재료와 함께 양념으로 쓰임. 즉 식품으로 이용됨을 의미함

즉 고구려로 대표되는 요동 지방에도 고추가 있었음을 나타낸다. 그 후 고구려 시대(BC 37~668년)에 삼국사기지리지(三國史記地理志) 고구려 편에 '고추가

많이 생산된다/以產椒故名'는 섬의 의미로 '초도(椒島)'라는 지명이 등장한다(만기요람(萬機要覽), 서영보(徐榮輔), 심상규(沈象奎), 1808). 또한 이규보(李奎報, 1168~1241년)의 동국이상국집(東國李相國集)에 나온 시에서도 "고추를 탄 소주 한 잔에 뺨 위에 이는 노을/倒了椒觴霞上臉"에서도 고추[椒]가 언급된다. 역시 지봉유설에 나오는 바대로 소주에 고추를 자주 타 먹었음을 알 수 있다. 또한 이성우는 본초강목(本草綱目)(이시진(李時珍), 1596)에 번초(番椒)가 없다 하여 고추의 일본 도입설을 주장하였으나, 정작 본초강목에서도 비록 번초(인도고추)는 보이지 않지만 고추를 나타내는 초(椒), 호초(胡椒), 진초(秦椒), 촉초(蜀椒) 등 다양한 고추[椒]가 그대로 보인다. 따라서 적어도 중국에도 고추가 있었고, 우리나라(東夷)에도 고추가 있었으며 많은 음식에 쓰이고 있었음을 보여 주고 있다. 더욱이 이성우가 고추의 일본 도입설을 주장하는 지봉유설에도 초정(椒井)을 언급하면서 "有椒氣甚烈 / 고추 기운이 있어 매우 열이 난다"로 초(椒)가 나오는 것으로 보아 왜개자, 남만초와 분명하게 구별하여 고추가 존재함을 보여 주고 있다.

여기서 짚고 넘어갈 사항은 이성우 이후 椒(초)와 胡椒(호초)를 전부 후추로 번역하였는데, 고추와 후추는 다르다. 음식디미방에 후추는 '후츄'로 기록되어 있는 것으로 보아 옛날에는 후추를 우리말 '후츄'로 불렀음을 알 수 있다. 어떤 책에는 고추를 호초(胡椒)라고 기록하고 있고, 어떤 책은 후추를 호초(胡椒)로 기록하는 사람도 있으므로 문장을 과학적으로 분석하여 정확하게 구별하여 번역할 필요가 있다. 1527년 최세진(崔世珍)이 어린이들의 한자 학습을 위하여 지은 훈몽자회에서는 고추의 한자를 초(椒)라고 표기하고 고초라고 부르고 호초, 천초, 진초, 촉초라고 쓴 것도 고추 종류임을 알 수 있다(그림 3). 후추는 후추과(Piperaceae)의 식물로 다년생 덩굴식물이며 원산지가 인도 남부로 품종이 다양하지 않고, 고추는 가지과(Solanaceae)에 속한 나무같이 위로 자라는 식물로 매우 다양한 품종이 있어서 원산지를 특정할 수 없다. 이 둘은 서로 완전히 다르다.

조선왕조실록(1399년, 정종 1년, 11월 22일, 5월 16일)에 椒(초)와 胡椒(호초)가 동시에 나온 이후, 여러 문헌(이규경의 오주연문장전산고; 서거정의 사가집(四佳集), 1488년; 조선왕조실록(朝鮮王朝實錄))에 초(椒)와 호초(胡椒)가 동시에 나오는데, 초(椒)는 대부분 고추로 표기되고, 후추는 대부분 약재로서 호초(胡椒)로도 표기되는데 중국에서 사신들이 가지고 오는 핵심 물건의 일종이며, 우리나라에서 생산되지 않는다고 기록되어 있다(표해록(漂海錄), 최부(崔溥), 1488).

이러한 문헌으로 보아 고추를 한자로 椒(초)와 胡椒(호초)로 표기하기 때문에 초(椒)를 전부 후추로 번역하는 것은 전혀 맞지 않다[16]. 마찬가지로 옛날 문헌에 '후츄(후추)'를 한자로 표기할 때 어쩔 수 없이 호초(胡椒)로 많이 표기하였는데, 그렇다고 기록된 모든 호초(胡椒)가 후추를 말한다고 주장하는 것도 맞지 않다.

그렇다면 이러한 문헌에 나타나는 초(椒)가 과연 고추인가? 1400년대에 작성된 유합(類合)(서거정, 유합은 혹자가 말하길 서거정(徐居正)(1420~1488)이 지은 것이라고 함)과 1527년 최세진이 편저한 훈몽자회의 기록에서 우리나라 고추[고쵸]임을 밝혀주는 결정적 증거를 확인할 수 있다. 훈몽자회는 원래 어떤 사물이나 뜻을 나타내는 우리말이 있었고 그 사물을 가리키는 한자를 어떻게 우리말로 읽을 것인가와 뜻이 무엇인지를 나타내 백성들이 배울 수 있도록 한 일종의 옥편격의 책들이다. 여기서 초(椒)를 훈몽자회에서는 '고쵸 초(椒)', 유합에서는

'고쵸 쇼(椒)'로 표기하였다(그림 3). 사실 이보다 먼저 성종 20년에 일종의 의학서로 발간된 구급간이방(救急簡易方)(윤호(尹壕) 등, 1489년)에 '고쵸 모과 달힌물…고쵸라 수레 머그라'라는 표현에서 고쵸라는 우리말이 그대로 나온다(그림 27).

이 문헌에 나오는 고쵸가 바로 오늘날의 고추인 것이다. 이상의 결과를 통하여 시경에서부터 나오는 초(椒)는 후추가 될 수 없고 고추임을 알 수 있다.

지봉유설에는 남만초, 즉 태국고추와 같은 품종이 들어와서 (우리고추와 같은 줄 알고) 술에 타 먹었다가 죽었다는 내용이 나오는데, 내용 그대로 이해하면 된다. 많은 문헌과 함께 지봉유설을 과학적으로 분석해 보면 남만초가 들어왔다는 이야기이고 술에 타 먹었다는 것은 그전에 우리 고추가 있었다는 반증임을 알 수 있다. 사실 이익(李瀷)의 성호사설(星湖僿說)을 보면 "번초는 매우 매운 것

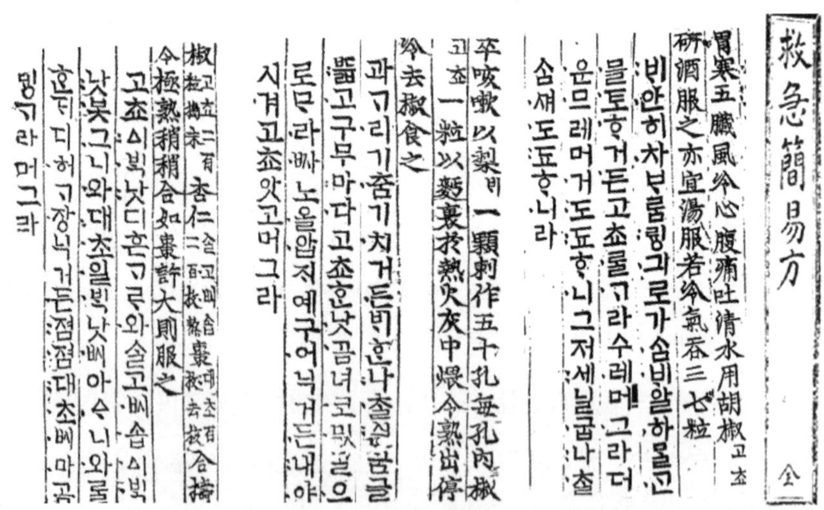

그림 27 윤호(尹壕) 등의 구급간이방(救急簡易方)(1489년), 훈민정음 창제(1443년) 이후 발간된 의약서로 기침이 나거나 열이 많이 날 때 고쵸(椒)를 고아 먹으라는 간이 처방이 보임

이다. 우리나라에서는 이것이 일본에서 온 것이란 지식 이외에는 아무것도 모르기 때문에 왜초라고 한다/倭人稱番椒 我國稱 倭椒氣味酷烈 我國只記 其從倭地來 故曰 倭椒云云"라는 문장이 있는 것으로 보아 작고 매운 고추가 일본으로부터 들어왔음을 알 수 있다. 여기서도 번초라고 하였는데 앞서 언급한 바와 같이 인도차이나를 말하는 만(蠻)과 인도 지방을 말하는 번(番)을 구분 못하여, 남만초와 번초를 통용하고 있다고 봐야 한다. 심지어 지봉유설을 보면 남만초를 크기가 작다 하여 왜개자라고 부르고 있음을 알 수 있다.

여기서 과학적으로 생각해 보면, 고추를 먹으면 죽는다는데 왜 술에 타 먹었을까에 대하여는 당연한 의심을 가져야 한다. 여기에 대한 답으로 가장 합리적인 것은 지봉유설 문헌 그대로 우리고추와 비슷한 남만초가 들어왔을 것이고, 앞서 동국이상국집에서의 표현과 같이 우리고추를 술에 타 먹는 습관이 있기 때문에 이와 혼돈하여 남만초를 술에 타 먹다가 죽는 일이 발생한 것이라고 추론할 수 있다. 옛날에는 약초인줄 알고 독초를 끓여먹다가 죽는 일이 허다했는데, 이와 비슷한 경우이다. 따라서 우리는 또 다른 고문헌에서 임진왜란 이전에 고추를 술에 타 먹었다는 기록이 있는지 조사해 보기로 하였다.

앞서 언급한 바와 같이 이규보의 동국이상국집에도 "고추를 탄 술 한 잔에 뺨 위에 이는 노을"이라고 고추를 술에 타 먹는다는 시구가 나온다. 또한 구급간이방(救急簡易方)에도 "고쵸를 가라 수레 머그라"라는 표현(그림 27)이 나온다. 즉 이미 오래전부터 고추나 고춧가루를 술에 타 먹는 습관이 있었다고 본다. 우리는 고추가 임진왜란 때 들어왔다는 오주연문장전산고(그림 4)가 오히려 우리고추(我椒)가 존재했다는 증거를 역설적으로 보여 주고 있음을 알 수 있다.

위 동국이상국집과 구급간이방 문헌 이외에 세 번째로 우리고추를 술에 타 먹는 습관이 오래전부터 있었고 먹어도 아무 탈이 나지 않는다는 내용이 있는 문헌이 있다. 김종직(金宗直, 1431~1492)의 동도악부(東都樂府) 중 양산가(陽山歌)에는 "천추의 죽은 영웅이 되어서, 함께 고추 탄 술〔椒漿〕을 마시는구나/千秋爲鬼雄 相與浴椒漿"(그림 28)라고 제사를 지낼 때 고추를 소주에 넣어 마신다고 기록되어 있다. 또한 국립국어원의 표준국어대사전에도 '고추감주'를 '고

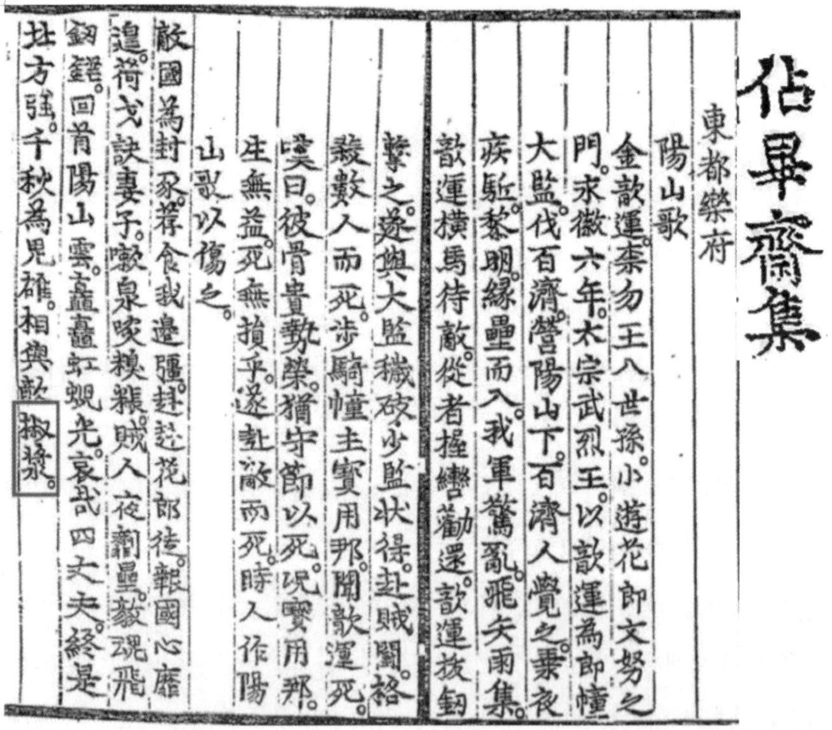
佔畢齋集

東都樂府

陽山歌

金歆運奈勿王八世孫。少遊花郎文努之門。永徽六年。太宗武烈王。以歆運爲郎幢大監。伐百濟。營陽山下。百濟人覺之。乘夜疾驅。黎明緣壘而入。我軍驚亂。飛矢雨集。歆運橫馬待敵。從者握轡勸還。歆運拔劍揮之。遂與大監穢破。少監狄得。赴賊鬪。格殺數人而死。步騎幢主寶用那。聞歆運死。嘆曰。彼骨貴勢榮。猶守節以死。况寶用那生無益。死無損乎。遂赴敵而死。時人作陽山歌以傷之。

敵國爲封豕。荐食我邊疆。赳赳花郎徒。報國心靡遑。荷戈訣妻子。嗽泉咬糗糧。賊入夜劘壘。毅魂飛劍鋩。回首陽山雲。矗矗虹蜺光。哀哉四丈夫。終是北方强。千秋爲鬼雄。相與酹椒漿。

그림 28 김종직(金宗直, 1431–1492)의 동도악부(東都樂府) 중 양산가(陽山歌)에는 "천추의 죽은 영웅이 되어서, 함께 고추 탄 술[椒漿]을 마시는구나/千秋爲鬼雄 相與浴椒漿"

춧가루 탄 감주, 감기약으로 먹는다'고 설명되어 있다.

우리고추는 한마디로 매콤달콤하여 약간 맵지만 달기도 하며 비타민 C가 매우 풍부한 것이 특징이다. 헝가리 과학자 죄르지(Szent Gyorgi)는 우리나라와 비슷한 헝가리 고추에서 비타민 C를 발견하여 1937년 노벨생리학상을 받기도 하였다. 그만큼 고추에는 비타민 C, 카로티노이드(carotenoid) 등 항산화 소재가 많이 들어 있다. 따라서 추울 때 우리고추를 술에 타 먹으면 과학적으로 여러 가지 항산화 효과 등으로 감기 치료와 예방에 효과가 있을 것으로 본다. 이러한 고문헌의 증거로 볼 때 지봉유설의 기록은 앞서 분석한 고추의 생물학적, 유전자 분석 결과와 일치하게 아주 매운 고추, 남만초가 우리나라에 들어왔다는 기록이다. 옛날 문헌에는 지금과 같이 음식 레시피 기록에는 큰 관심이 없고, 제사 지낼 음식이나 비빔밥과 같이 먹고 탈이 나거나, 남만초 같이 먹다가 죽는 일이 생겼을 때 기록으로 남겼고 친구와 낭만을 이야기할 때 술에 대한 기록이 있다.

한편 국어학자인 홍윤표는 오늘날 고추에 해당하는 우리말 '고쵸'가 구급간이방(1489년)(그림 27)과 앞서 최세진의 훈몽자회(1527년)(그림 3)에 한자 초(椒)가 한글(고쵸)과 함께 그대로 나온 점을 들어 고추는 조선 시대 이전에 우리나라에 존재하였을 것이라고 주장하였다[9]. 훈몽자회에는 '고쵸 쵸' 그리고 '호(胡)- 그리고(又) 천(川)-, 진(秦)-, 촉(蜀)-'라고 기록되고 있고 '쵸피 또는(又) 분디를 말(曰)하는 山-'로 기록되어 있다. 즉 초(椒)는 고추를 나타내며 호초(胡椒)라고 쓰고, 또한 천초(川椒), 진초(秦椒), 촉초(蜀椒)라고도 쓴다는 기록이다[6,50]. 이는 앞서 언급한 바와 같이 고추의 다양한 품종이 있고 다양하게 표기함을 알 수 있다. 중국에서는 고추의 종류를 그 지역이나 나라의 이름을 따서 천초(川椒), 진초(秦椒), 촉초(蜀椒)로 다양하게 부르며, 분디나 쵸피를 기록할 때는 산초(山椒)만으로 기록하되 천초(川椒)로는 기록하지 않음을 알 수 있다. 그런데도 일부 학자들은 산림경제 등 몇몇에 나오는 천초(川椒)가 고추를 부르는 말임에도 불구하고 무조건 산초(山椒)라고 주장하기도 한다. 훈몽자회보다 먼저 발간된 것으로 보이는 유합(類合)에서도 고추는 '고쵸 쇼'로 나오므로 초(椒)가 고추임을 알 수 있다.

이익(李瀷)은 성호사설(星湖僿說)에서 청나라 려요회(呂耀曾)와 위추(魏樞)가 쓴 성경통지(盛京通志)(1754년)에 쓴 글을 인용하여 고추의 본거지가 중국(秦)임을 표기하였고, 동시에 일본인이 지은 번초시(番椒詩)에 '번초가 일종의 진초이다'라고 기록하였다. 이 글을 보면 번초나 진초가 훈몽자회나 홍재전서에 나오는 것 같이 다양한 고추 중의 하나임을 알 수 있다. 고추는 오래전 진나라 때도 있었고, 촉나라 때에도, 당나라 때에도 있었던 것이다.

따라서 성호사설을 근거로 고추의 일종인 번초가 일본 또는 왜국(倭國)으로부터 들어왔다고 주장할 수 있으나, 그 고추가 우리나라에 들어와서 우리나라 고추가 되고 다시 중국으로 건너가서 진초, 천초가 되었다는 주장은 성립될 수 없다. 남만초 곧 번초가 우리나라에 들어와서 왜초나 왜개자로도 불린 것은 사실인 것 같다. 성호사설에는 왜초(倭椒)로 기록되어 있지만 오주연문장전산고의 번초남과변증설(番椒南瓜辨證說)에는 왜초(倭草)로 기록되어 있다. 이와 같이 고문헌에는 고추만 해도 椒, 草 등으로 표기가 되는 등 수많은 오기가 있으니 문장의 내용을 보고 해석하여야 한다. 특히 우리말을 정확히 나타내는 한자는 없으므로 표기된 한자 뜻을 잘 살펴봐야 한다. 아무튼 남만초나 번초가 오늘날 태국고추나 인도고추와 같고 우리고추보다 작았던 것은 사실인 것 같다.

참고로 조선 시대에 음식과 살림살이에 관한 책은 크게 두 종류가 있다. 하나는 한자를 아는 남성들이 쓴 책이고, 다른 하나는 한자는 잘 알지 못하지만 실제로 우리나라 음식과 술을 만들어 보고 한글을 아는 여성들이 쓴 책이다. 남성들이 쓴 책은 대부분 음식을 만들 줄 모르면서 중국 한자 책을 기반으로 우리 것을 포함하려고 애쓴 것이다. 반면에 안동장씨, 빙허각이씨가 쓴 음식디미방〔閨閫是義方〕, 규합총서(閨閤叢書) 등 여성들이 쓴 책은 현장경험을 바탕으로 비교적 우리나라 음식에 관하여 자세히 쓰여 있으며, 실제로 백성들이 먹고 있는 음식을 주로 썼다. 남자들이 쓴 책으로는 중국 당나라 한악(韓顗)이 쓴 사시찬요(四時纂要)(996년)를 개사한 사시찬요초(四時纂要抄)(강희맹(姜希孟), 1482~83년)나 중국의 거가필용(居家必用)을 기반으로 한 산림경제(山林經濟)가 남성들이 쓴 대표적인 책이다. 이 책에는 주로 일상에서 먹는 음식이 아닌 유교적으로 제사나 의례 때 필요한 음식에 대한 기록이 많고 우리나라 음식은 나중에 조금씩 들어갔다. 이에 반하여 이시필(李時弼)이 쓴 소문사설(謏聞事說)은 남싱이 쓴 책이지만 우리나라 사람들의 농사와 살림살이에 관한 책으로 최초의 실학서적이라고 볼 수 있다[51].

산림경제는 홍만선이 쓴 책으로 원나라 문헌인 거가필용을 인용한 것이다. 또한 거가필용은 주로 가사협(賈思勰)(6세기)의 제민요술(齊民要術)을 인용하여 쓴 것이다. 그리고 증보산림경제는 산림경제를 기초로 하여 우리나라 살림살이에 관한 내용이 증보된 책이다. 산림경제라는 책이름도 '살림'이란 우리말을 차음하여 산림(山林)으로 표현한 것이다. 따라서 이러한 책을 제대로 이해하려면 우리말을 어떤 한자로 표현하였는지 먼저 생각하여야 한다. 우리말의 한자 표현을 가지고 우리말이 그 한자에서 왔다고 주장하는 것은 매우 위험한 발상이다. 순우리말 살림이 '山林(살림)'에서 왔다는 주장이 하나의 예이다[30].

산림경제에는 거가필용과 같이 고추를 나타내는 초(椒)가 천초(川椒), 호초(胡椒)와 함께 자주 나오며 동시에 같이 나오기도 한다(그림 29). 이는 고추가 중국, 우리나라에 고려 시대 이전에도 있었다는 것을 보여 준다. 유전자 분석 데이터를 감안할 때 이들 문헌은 매우 합리적이며 있는 그대로, 불리는 대로 해석하면 아무 무리가 없다[6].

훈몽자회(그림 3)나 구급간이방(그림 27)의 근거를 제시하면서 초(椒)가 고추라고 해석하면 되는데 초가 고추가 아니고 山椒(분디, 초피)라고 주장하는 사람이 있다[4,28]. 훈몽자회에는 초(椒)는 고추라고 분명하게 기록되어 있고, 산초는 분디와 초피를 표현할 때만 쓰는 것으로 되어 있다. 흔히 고문헌에 천초(川椒)라고 표현되어 있어서 산초같이 산(山)과 강(川)과 내의 개념으로 쓴 것으로 착각하여 천초도 산초라고 하는 사람이 있다. 그러나 여기서 천초의 천(川)은 중국의 사천(四川) 지방을 나타내는 것으로 사천 지방의 고추를 말하며 오늘날 중국의 고추를 대표한다.

또 하나의 문헌인 이규경의 오주연문장전산고 내용을 보면 "우리나라에서는 고추라 하는 번초가 들어왔는데/番椒鄕名苦艸 - 중략 - 유명한 고추장이 순창군 천안군에 나오는데, 한나라에 이름이 났다/名椒醬. 出淳昌郡及天安

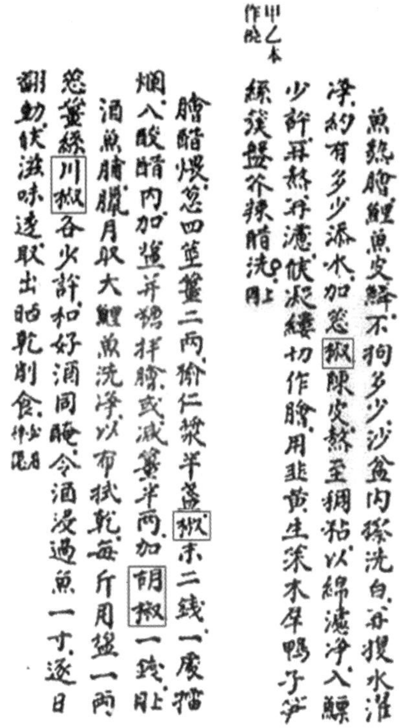

魚熟膾 鯉魚皮鱗不拘多少 沙盆內揉洗白 再換水灌
淨 約有多少 添水 加蔥椒陳皮 熬至稠粘 以綿濾淨 入鱌
少許 再熬 再濾 候凝 縷切作膾 用韭黃生菜木犀鴨子
絲 簇盤 芥辣醋澆 同上

[illegible]

膾醋 煨蔥四莖 薑二兩 榆仁醬半盞 椒末二錢 一處擂
爛 入酸醋內 加鹽 并鵝拌膾 或減薑半兩 加胡椒一錢 同上
酒魚脯 臘月取大鯉魚 洗淨 以布拭乾 每斤用鹽一兩
蔥薑絲川椒各少許 和好酒同醃 令酒浸過魚一寸 逐日
翻動 候滋味透 取出 晒乾 削食 [illegible]

八三

그림 29 홍만선의 산림경제. 거가필용(13세기)을 인용하여 기술한 내용으로 13세기 이전부터 필요한 경우 고추, 호초, 천초가 구분되어 불리고 구별하여 이용되고 있음

郡者. 名于一國 – 중략 – 요사이 우리고추(我椒)는 품질이 좋아 왜관에 팔면 심히 이익이 난다/近聞我椒. 貨于倭館. 則其利甚夥云"(그림 4)고 기록되어 있다. 분명 남만초와 혼돈하여 쓰고 있지만, 우리말로는 고초라고 부르는 품종의 하나인 인도나 티베트 지방의 번초가 들어왔다는 것이다. 더 나아가서는 우리고추와 품질을 비교하니 우리고추가 매우 우수하며 이득도 많이 난다고 기록되어 있다. 즉 우리나라에는 우리나라 고유의 품종인 고추가 있었고, 당시에 우

리 고추와 다른 품종인 고추가 들어왔다는 것이다. 이는 유전자 분석 등 생물학적 분석 결과와 일치하는 것이다[36,37,38].

또한 이덕무(李德懋, 1741~1793)의 청장관전서(青莊館全書)(제65권)에서 "번초는 남만에서 나는 것인데 불 같은 성질이어서 지나치게 많이 먹으면 불기운을 일으켜 종기(현재 아토피 증상)가 생기고 낙태하며, 태워서 가루를 만들어 나그네에게 주면 발에 생긴 물집이 없어진다."와 같이 기록하고 있다. 이 기록을 보아도 번초는 남방고추로 우리고추와 모양은 비슷하지만 작고 독한 또 다른 품종임을 알 수 있고, 임진왜란 때 우리 민족을 독살하러 가지고 들어온 것이 아니라, 일본군이 장기간 행군을 할 때 물집을 치료하기 위하여 번초를 들여왔다고 한다면 이는 어느 정도 합리적이라고 말할 수 있다.

1990년 겨울, 일본 교토대학을 방문하였을 때 식품원료학(食品原料學)[52]에 "고추는 16세기에 가토 기요마사(加藤清正)가 조선에서 갖고 들어왔다"는 글을 보고 놀랐던 경험이 있다. 또한 대화본초(大和本草)(見原益軒, 1709년)에도 고추가 옛날에 일본에는 없었는데 도요토미 히데요시가 조선 정벌 때 고추 종자를 가져왔으며 그런 연유로 고려호초(高麗胡椒)라고 한다는 기록이 있다. 일본에서 호초(胡椒)라고 기록한 것은 우리나라에서의 고초를 호초라고 부르거나 표기하기 때문일 것이며[16], 발음도 한국의 고쵸와 더 비슷하기 때문일 것이다. 일본어의 胡椒(호초)는 '고쇼'로 발음되나 고초는 '구쇼'에 더 가깝다. 대화본초 이외에 화한삼재도회(和漢三才圖會)(1715년), 대주편년략(對州編年略)(1605년), 물류칭호(物類稱呼)(1775년), 왜훈간(倭訓刊)(1770년), 성형도설(成形圖說) 등 일본의 몇몇 책에도 고추가 한국에서 왔다고 기록되어 있다[6,52,53]. 더욱이 고추가 한국에서 일본으로 전래되었다고 기술하고 있는 화한삼재도회(和漢三才圖會)에서는 남쪽에서 온 번초는 南蠻胡椒(남만호초), 조선에서 온 고추는 다른 高麗胡椒(고려호초)로 구분하여 기록하고 있고, 번초를 당초라고 하기도 한다고 기록되어 있다. 또한 다양한 몇 종의 번초가 있음을 기술하고 있다. 화환삼재도회와 같이 우리나라의 박제가(朴齋家)(1750~1805)도 그의 저서 정유각집(貞蕤閣集)에서 이를 "중국인은 번초라고 하고 우리나라는 당초〔땡초〕라고 한다."고 기록하고 있다.

우리고추가 임진왜란 때 일본에서 들어왔다는 기록은 없다. 오히려 모든 문헌이 우리고추가 오래전부터 있었다는 증거가 되는 문헌이다. 일본 도입설을 주장하는 사람들은 고추의 첫 기록이 만초(蠻椒)로 나오는 산림경제나 증보산림경제 이전에는 없다고 하는데 많은 문헌에서 고추를 나타내는 초(椒)의 기록이 나오며 심지어 우리말 고추를 한자로 표기한 고쵸〔苦椒〕에 대한 기록도

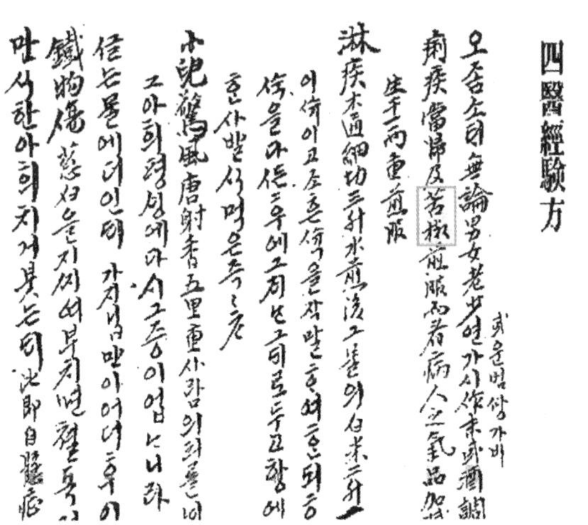

그림 30 사의경험방(四醫經驗方)(1608~1649)의 고추(苦椒) 기록

1600년대 초의 사의경험방(四醫經驗方)에 이미 나온다(그림 30).

3. 고추장에 관한 문헌

고문헌에 나타난 우리나라 고추장의 기록을 살펴보자. 앞에서 이야기한 것들을 고려하면, 의심의 여지없이 초장(椒醬)(고초쵸(椒), 장(醬))으로 기록되어 있을 것이다. 다시 말해 문헌에 초장(椒醬)이라고 기록되어 있으면 그것이 곧 고추장인 것이다. 그럼에도 불구하고 농촌진흥청에서 나오는 고문헌의 번역본에는 초장이 모두 우리 음식에도 없는 쵸피장〔山椒醬〕이나 후추장이라고 잘못 번역되어 있다. 우리나라에는 산초장이나 후추장은 없었으며, 만들어 먹은 역사도 없으며 만들어지지도 않는다. 후추는 우리나라에는 나지도 않기 때문에(표해록(漂海錄), 최부, 1488, '우리나라에서는 호초가 생산되지 않으므로, 애초부터 가지고 오지 않았소'라고 기록됨), 값이 매우 비싼데(한 줌이 돼지 15마리, 노예 1명, 승마용 말 3마리와 같이 비쌌다. MBC 스파이스루트, 2009.11.23), 일반 백성이 이를 이용하여 고추장과 김치를 담가먹을 수는 없었을 것이다. 따라서 우리나라 산초(분디, 쵸피) 생산량이 수만 석이 결코 될 수 없음에도 수백-수만 가마니〔섬叺〕의 고쵸 초(椒)가 산초가 될 수 있다는 주장은 성립될 수 없다.

또한 당시에는 표준어가 없는 시기였기 때문에 고쵸를 호쵸로 발음하고 호초(胡椒)로 표현하는 사람들도 있었다[9,16]. 따라서 고추장을 호초장으로 표기하기도 하였으므로 한자 苦椒醬(고추장)과 함께 胡椒醬(호초장)의 기록을 분석하는 것도 매우 중요하다(부록 3. 고추장 관련 고문헌 기록).

앞서 시경에 우리나라는 발효 식품이 매우 발달한 나라로 기록되어 있으므로 결국 이때 말하는 발효 식품은 콩 발효나 김치가 아닐까 생각한다. 고추장의 기록으로 오래된 문헌은 중국의 당선종 4년(850년)에 편찬된 잠은(昝殷)의 식의심감(食醫心鑑)(850년)(그림 31)과 당대 한악(韓鄂)이 지은 월령식 농서인 사시찬요(四時纂要)(996년)(그림 32) 등에 초장(椒醬) 기록이 나온다(부록 3 참조). 여기 두 문헌에 기록된 고추장이 오늘날, 아니 그 당시의 우리나라 고추장과 아주 똑같은지는 확실히 단정 지을 수 없다. 그러나 분명한 것은 기록된 내용을 살펴보면 오늘날 닭도리탕이나 매운탕을 끓일 때 고추장을 넣어 끓이듯이 고추장이 양념으로 쓰인 것은 오늘날의 고추장의 용도와 큰 차이가 없음을 알

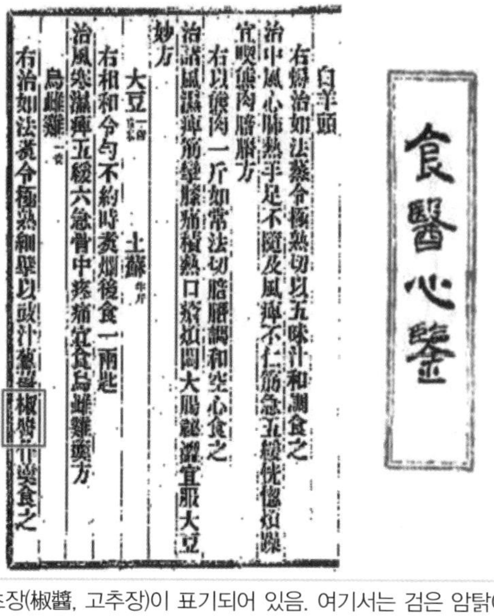

그림 31 식의심감에 초장(椒醬, 고추장)이 표기되어 있음. 여기서는 검은 암탉에 고추장을 넣어 끓여 먹었다는 내용이 있음

그림 32　사시찬요에 초장(椒醬)기록이 보임

수 있다. 사실 중국 문헌이 우리나라에서의 고추 존재를 나타내는 직접적인 증거라고 이야기할 수 없으나 적어도 중국에도 고유의 고추가 있었으며, 우리 고추장이 들어갔는지는 알 수 없지만, 우리 고추장과 비슷한 식품이 있었음을 보여 주고 있다. 이는 앞의 유전학적인 분석 결과와 일치한다. 중국 문헌에 나오는 고추장이 꼭 우리 고추장과 똑같아야만 위의 주장이 성립되는 것은 아니다[53].

우리나라 책으로서의 고추장에 관한 가장 오래된 기록으로 남아 있는 것은 조선 세종 15년(1433년) 때 발행된 향약집성방(鄕藥集成方)에 초장(椒醬)이 고추〔椒〕와 함께 나온다(그림 33). 식치(食治)개념으로 위가 허약할 때 붕어에 고

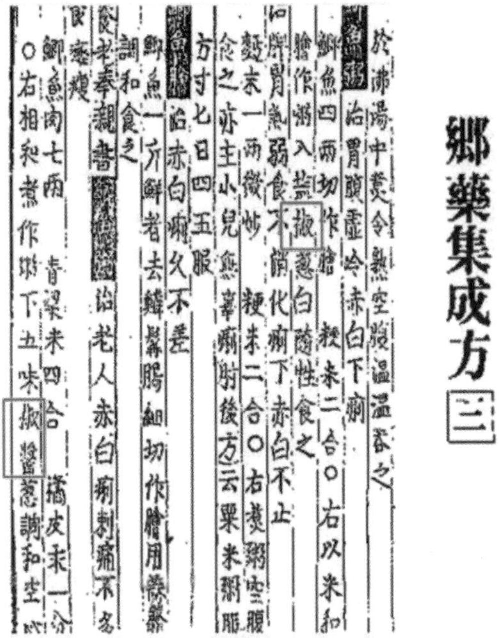
鄉藥集成方 三

그림 33 1433년(세종 15년) 권채(權採) · 유효통(俞孝通) · 노중례(盧重禮) · 박윤덕(朴允德) 등이 지은 향약집성방(鄉藥集成方) 三에 초장(椒醬) 기록이 나옴

추장을 넣고 끓인 붕어죽을 먹으면 좋다고 되어 있으며, 변비에도 돼지기름과 고추장, 꿀을 끓여 관장하는 약으로 사용한다.

향약집성방에는 고추장을 고추된장으로 나타낸 초시(椒豉)의 기록도 보인다. 이는 장지현[8]이 1620년에 고추장으로 보이는 초시(椒豉)가 처음 나온다고 언급한 허균의 도문대작(屠門大嚼)보다 거의 200년 전에 기록이다. 한방의학백과사전인 의방유취(醫方類聚)(1445년)에도 고추장〔椒醬, 椒豉〕이 나온 것을 보아도 틀림이 없다(부록 3 참조). 향약집성방, 의방유취에서와 같이 초시, 초장은 대부분 음식으로 위나 비위가 좋지 않아 소화가 되지 않을 때 쓰이는 것이 특징이다.

그 후 홍귀달(洪貴達, 1438~1504)이 지은 허백정집(虛白亭集)에서 "고추장 농사, 즉 고추장 잘 담그는 것이 1년의 농사수확을 가름한/椒醬賽歲功"는 내용이 나온다. 즉 백성들이 정초에 담그는 것은 고추장 아닌 것으로는 상상할 수 없다(그림 34). 본래 풍습으로 굳어지려면 몇 백 년이 걸리므로, 우리 민족의 고추장 담그는 풍습도 매우 오래되었다는 것을 알 수 있다. 또한 세조 4년(1460년) 어의 전순의(全循義)가 산가요록(山家要錄)과 함께 저술한 식료찬요(食療纂要)에서는 고추장에 관한 다음과 같은 기록이 나온다(그림 7).

식료찬요의 내용을 보면 고추장은 이미 오래전부터 오늘날과 같이 맛을 낼 때, 입맛을 돋울 때 사용했던 음식이다. 예나 지금이나 비위가 좋지 않아 밥

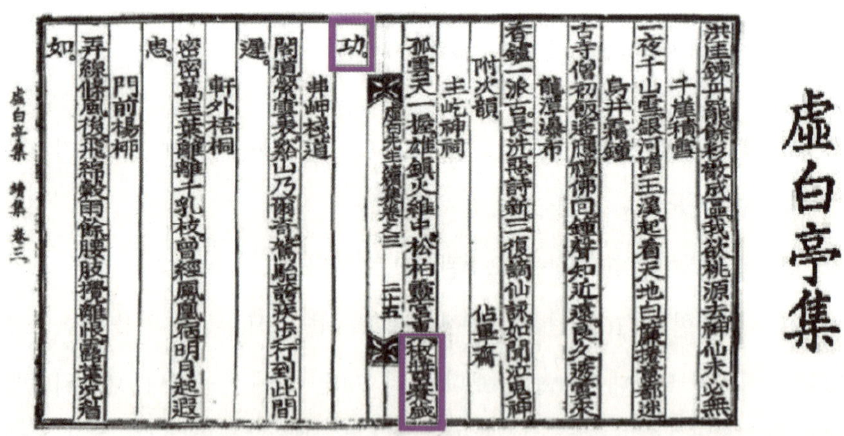

그림 34 홍귀달(洪貴達, 1438~1504)이 지은 허백정집(虛白亭集).
"고추장 잘 담그는 농사가 1년의 농사수확을 가름한다/椒醬賽歲功"

을 잘 못 먹을 때, 고추장을 넣어 끓여 먹거나 찍어(발라) 먹는 것이 비슷하다. 비슷한 내용으로 고추장과 같이 넣어 끓인 누런 닭은 노인의 비위가 좋지 않을 때 먹으면 좋다는 내용은 양예수(楊禮壽, ?~1597)의 의림촬요(醫林撮要)에도 나온다(그림 35).

조선 인조 말기에 네 명의 명의가 모여서 출판한 사의경험방(四醫經驗方, 1608~1649년경)에는 의방유취, 향약집성방의 내용과 비슷하게 비위가 좋지 않을 때 물고기(향어, 붕어)에 고추장을 넣고 끓여 먹어 비위를 튼튼하게 하고 있음

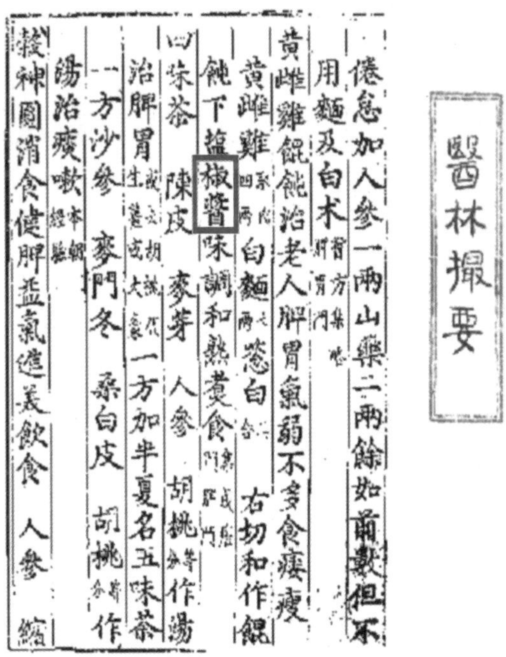
醫林撮要

倦怠加人參一兩山藥二兩餘如前數但不
用麵及白朮
黃雌雞餛飩治老人脾胃氣弱不多食瘦瘦
黃雌雞 白麵 葱白 右切和作餛
飩下鹽椒醬味調和熟煑食
四味茶 陳皮 麥芽 人參 胡桃 作湯
治脾胃 一方加半夏名五味茶
一方沙參 麥門冬 桑白皮 胡桃 作
湯治痰嗽
穀神圓消食健脾益氣進美飲食 人參 縮

그림 35 양예수(楊禮壽, ?~1597)의 의림촬요(醫林撮要)에 초장(椒醬)이 나옴. 이 내용은 식의심감의 검은닭[烏雌雞]에서 의림촬요의 누런닭[黃雌雞]으로 바꾼 것으로 처방은 비슷함

을 보여 주고 있다(그림 36). 이성우는 고초(苦椒)라는 한자 단어가 19세기 이전에는 나오지 않는다고 주장하고 있으나[2], 정작 고초(苦椒)라는 한자가 그보다 200년 전인 17세기 초의 사의경험방에 나오는 것을 알 수 있다(그림 30). 이후 서명응(徐命膺, 1716~1787)이 쓴 보만제총서(保晩齋叢書)에서도 '苦椒'가 보인다. 물론 '고쵸'라는 순 우리말은 한글이 창제된 직후인 15세기에 훈몽자회 등에

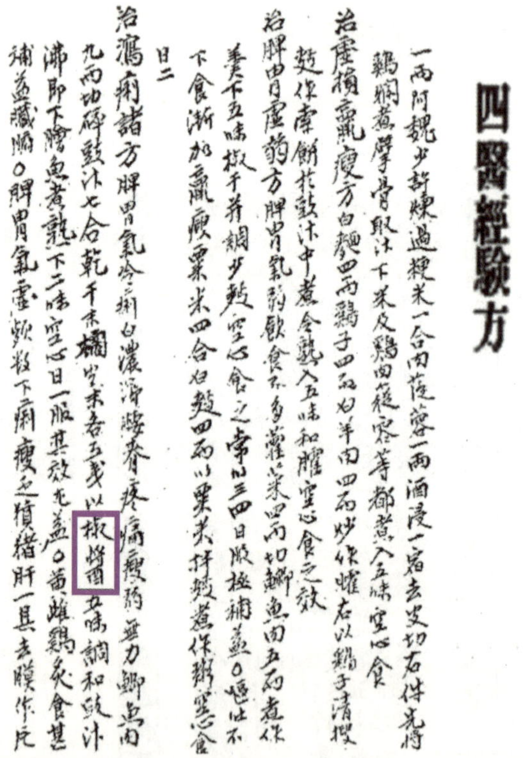
四醫經驗方

그림 36 사의경험방에 초장(椒醬) 기록이 보임. 내용은 식료찬요와 비슷함. 우리말 고초의 한자 표현인 고초(苦椒)가 나옴(그림 30). 이는 임진왜란 이전에 고추가 이미 있었고 이질에 달여 먹으면 효과가 있었다는 내용임

도 이미 나오지만 우리말을 한자로 표기한 것이다.

앞서 언급한 바와 같이 이시필의 소문사설에는 고추장〔椒醬〕을 우리말의 한글 '고'자를 살리기 위하여 '고추장〔苦艸醬〕'으로 표기하였으며, 순창고추장의 제조방법을 자세히 기술하고 있다. 사의경험방에서는 우리말 고추를 苦椒(고초)로 표기하였으나 소문사설에서는 한자 苦艸(고초)로 표기하였다. 즉 한글이 만들어진 다음부터 우리말 고쵸에 맞춰 椒(초)로 표기하는 경우가 대부분이나 우리말 고추의 '고'를 살리기 위하여 椒(초) 앞에 한자로 古(옛고)나 苦(쓸고)를 붙여 쓰기 시작하고 고추〔椒〕도 가끔 풀초〔草, ++, 艸〕를 쓰는 경우가 보이기 시작한다. 순창고추장의 제조법을 보면, 비싼 재료가 들어간 것으로 보아 어의인 이시필(李時弼)이 임금이 즐겨먹고 진상하라는 고급 순창고추장에 대한 기록으로 보인다(그림 6). 이를 보면 순창군에 전해오는 전설인 '태조 이성계가 나라를 세우기 전에 만일사에서 무학대사가 준 고추장을 먹고 난 후에 너무 맛이 있어 후에 임금이 된 뒤 고추장을 진상하라고 하였다'는 내용은 지금까지의 연구결과에 비추어 거의 사실일 가능성이 높다[6].

소문사설이 저술된 비슷한 시기의 고추장을 기록한 문헌으로는 이만부(李萬敷, 1664~1731)의 식산집(息山集)과 김춘택(金春澤, 1670~1717)의 북헌집(北軒集)이 있나. 식산집에는 '향긋한 술과 고추장을 빚어 고인의 영구(靈柩)에 샘물처럼 쏟는다'(그림 37)라고 기록되어 있고, 북헌집에는 '고추장, 생강, 김치로서 나에게 식사 때 몇 술 들어보라고 권하였다'라는 내용이 나온다(그림 38). 이전의 기록은 보통 몸이 좋지 않을 때 먹을 약의 개념으로, 닭이나 붕어 음식에 고추장을 넣어서 만든 음식의 기록인 반면, 식산집과 북헌집에는 식품 발효에

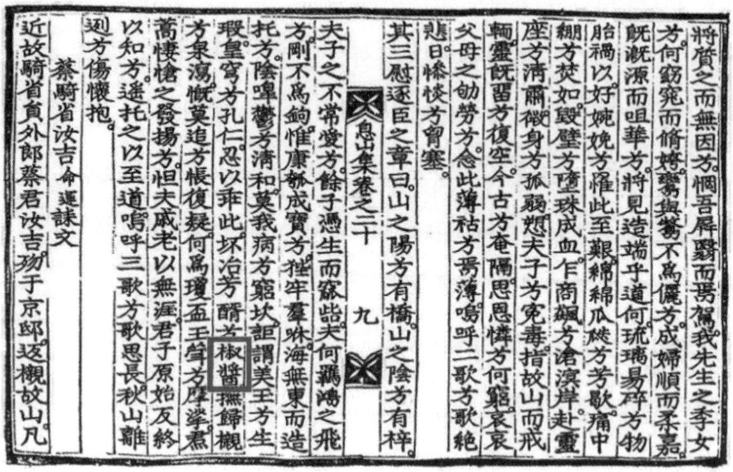

息山集

그림 37　이만부(1664–1731)의 식산집의 고추장 표현

北軒集

그림 38　김춘택(1670–1717)의 북헌집에 이미 고추장(椒醬)의 기록이 나옴

관한 문화와 고추장이 식사 때 일반적으로 먹는 반찬의 개념으로 기록되어 있다는 것을 알 수 있다.

고추장을 왕실에서 구체적으로 애용하고 있음을 보여 주는 문헌이 이성우가 고추장의 최고 문헌이라고 주장하는 증보산림경제(增補山林經濟)(1766)보다 이전인 영조 시대 승정원일기(承政院日記)에 구체적으로 많이 나오기 시작한다.

승정원일기 중 영조 25년(1749년) 7월 24일(苦椒醬)

일찍이 왕년에 수라를 올릴 때를 보았더니, 반드시 짜고 매운 음식물을 올렸었다. 지금 나도 항상 고추의 부류와 고추장을 즐겨 먹는다. 이는 곧 식성인데, 점점 어릴 때와 달라지는 것은 또한 胃氣(위의 작용)가 점점 쇠해지기 때문이냐?/嘗見昔年進水剌時, 必進鹹辛之物, 今予亦常嗜川椒之屬及苦椒醬. 此乃食性, 漸與少時不同者, 其亦胃氣之漸衰耶

승정원일기 중 영조 27년(1751년) 윤5월 18일(苦椒醬)

약로가 "고추장은 근일에 연이어 드셨습니까?" 하자, 주상께서 "연이어 먹었다. 지난번에 처음 들어온 고추장은 매우 좋았다." 하셨다/若魯曰, 苦椒醬近日連爲進御乎 上曰, 連進御矣 向日初入之苦椒醬, 甚好矣

승정원일기 중 영조 33년(1757년) 5월 7일(苦椒醬)

찬선 중에 고추장이 좋습니다/饌饍中苦椒醬好矣

승정원일기 중 영조 37년(1761년) 8월 2일(苦椒醬)

주상께서 "조종부는 사람됨이 정밀하였으나 동 조언신의 아들이었다. 단지 그가 고추장을 지나치게 먹었기 때문에 그랬던 것이다. 나는 지금까지도 잊을 수가 없다" 하시니/上曰 趙宗溥則爲人精矣, 是趙彦臣臣之子也, 只由滐太喫胡椒醬而然也, 予迨今未忘也/오선 중에 고추장이 좋습니다/饌饍中苦椒醬好矣

승정원일기 중 영조 39년 12월 24일(1763년) 12월 24일(古椒醬)

봉환이 아뢰기를, 고초장도 또한 좋습니다/鳳漢曰, 古椒醬亦好矣

승정원일기 중 영조 42년(1766년) 2월 27일(古椒醬)

태원이 "고추장이 위를 열어 입맛을 돋웁니다." 하였다/泰遠曰, 古椒醬開胃矣

조선왕조실록 중 영조 44년(1768년) 7월 28일(苦椒枎醬)

송이·생복·아치·고추장 이 네 가지 맛이 있으면 밥을 잘 먹으니, 이로써 보면 입맛이 영구히 늙은 것은 아니다/松茸·生鰒·兒雉·苦椒枎醬, 有此四味則善飯, 以此觀之, 則口味非永老矣

승정원일기 중 영조 50년(1774년) 2월 13일(苦椒醬)

태여진가 아뢰길 "고추장이 비위를 돋우는 데 마땅할 듯합니다"하였다/泰輿秦曰胡椒醬, 於輔脾胃似宜矣

위 기록을 보면 여러 곳에서 임금이 고추장을 즐겨 드시는 것을 알 수 있고, 얼마나 순창고추장이 유명하였으면 순창 사람인 조언신과 조종부에 대한 기록도 있다(승정원일기 중 영조 37년(1761년) 8월 2일). 특히 고추장이 입맛내고 위에도 좋다는 것은 예나 지금이나 생물학적으로 큰 차이는 없다. 특이한 것은 승정원일기에서 고추장을 '苦椒醬'과 '古椒醬'으로 혼용하여 기록하고 있으며 고추장을 '胡椒醬'으로도 기록하고 있다(승정원일기 중 영조 50년(1774년) 2월 13일). 이와 같이 '苦椒醬'과 '胡椒醬'을 혼용한 것은 훈몽자회에서 이야기한 대로 '고쵸'를 어떤 사람은 '호쵸'와 비슷하게 발음하기 때문이고, 또한 고추를 胡椒(호초)로 표기하는 경우가 있기 때문이다. 따라서 한자 胡椒가 항상 '후추'라는 주장은 맞지 않다[16].

우리말을 한자로 할 수 없이 어렵게 표현한 산림경제를 증보한 류중림(柳重臨)은 고추장을 굳이 만초장으로 표현하여 고추장 담그는 법을 조만초장법(造蠻椒醬法)과 급조만초장법(急造蠻椒醬法)이라고 하여 기록하고 있다(그림 39). 아마 우리나라에서는 고추라고 하고 한자로 초(椒)라고 쓰는데, 매운 고추를 중국에서 만초(蠻椒, 南蠻椒)라 하니 이를 정확히 구분하지 못하고 우리고추도 만초라고 한 것이고, 또 고추장을 만초장(蠻椒醬)이라 하였을 것이다.

류중림은 고추장을 만초장이라 기록하였지만 같은 시대 것으로 추정되는 규장각일기인 내각일력(內閣日曆)에서는 여전히 초장(椒醬), 정조 때 혜경궁 홍씨 때 쓴 책인 1795년 원행을묘정리의궤(園幸乙卯整理儀軌)와 일성록(日省錄)에는 고추장(苦椒醬)으로 표기되어 있다. 일본 도입설을 주장하는 학자들은 아직까지도 고추에 해당되는 문헌의 기록이 남만초, 만초, 번초이기 때문에 증보산림경제

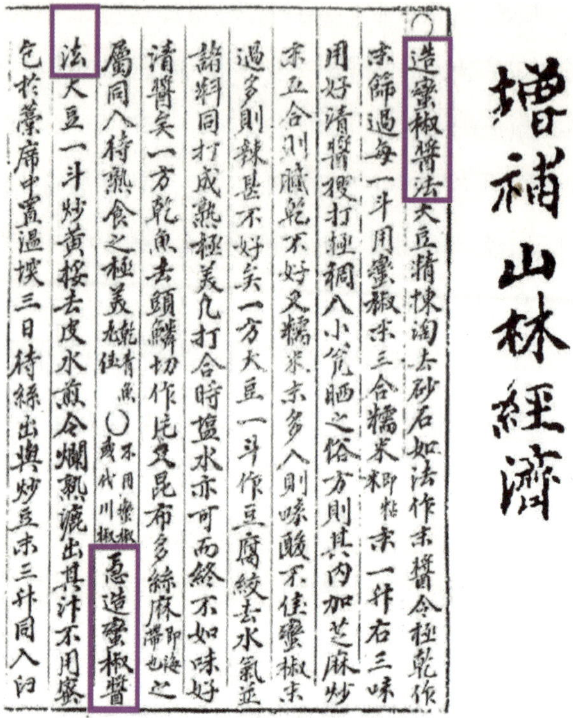

增補山林經濟

造蠻椒醬法 大豆精揀淘去砂石如法作末醬令極乾作末篩過每一斗用蠻椒末三合糯米末(即粘米)末一升右三味用好淸醬稷打極稠入小瓮晒之俗方則其內加芝麻炒末五合則脈乾不好又糯米末多入則味酸不佳蠻椒末過多則辣甚不好矣一方大豆一斗作豆腐絞去水氣並諸料同打成熟極美凡打合時鹽水亦可而終不如味好淸醬矣一方乾魚去頭鱗切作片又昆布多絲麻(即海帶也)之屬同入待熟食之極美(乾靑魚尤佳)(○不用蠻椒或代川椒) 急造蠻椒醬法 大豆一斗炒黃按去皮水煎令爛熟漉出其汁不用密包於藁席中置溫埃三日待絲出與炒豆末三升同入臼

그림 39 류중림(柳重臨)은 『증보산림경제(增補山林經濟)』(1766, 영조 42년)에 고추장 담그는 법을 조만초장법(造蠻椒醬法)과 급조만초장법(急造蠻椒醬法)이라고 하여 기록하고 있음

의 만초장만이 고추장이라고 맹목적으로 주장하는 것이다.

이러한 고추장에 대한 조선 초기의 역사적 기록에 화룡정점을 찍는 문헌이 오주연문장전산고이다(그림 4). 이 책은 앞서 언급한 바와 같이 1788년에 출생한 이규경이 그 이전의 문헌과 사실을 기록하여 발간한 백과사전류의 책으로 이 책에는 번초(蕃椒, 즉 남만초)의 전래, 유래, 종류 등에 대한 기록이 있으며, 동시에 番椒南瓜辨證說(번초남과변증설)에 "고초장. 순창군 천안군에 나오는

데, 우리나라에 이름이 났다/名椒醬. 出淳昌郡及天安郡者. 名于一國"으로 순창고추장이 전국적으로 유명하다는 기록이 있으며, 물산변증설(物産辨證說)에서도 순창고추장(淳昌之椒醬)이 언급됨으로써 또 한 번 순창고추장의 유명세를 언급하고 있다. 여기서 초장(椒醬)은 고추장 이외의 것으로는 설명될 수 없는 순창고추장이다. 아울러 이 책의 산구준여변증설(山臞餕餘辨證說)의 고추장제조법에 대하여도 자세히 기술하고 있다.

이러한 여러 가지 문헌을 보면 고추장은 적어도 임진왜란이 일어나기 수백 년 전부터 있었다는 것을 확인할 수 있다.

4. 김치에 관한 문헌

김치는 우리나라의 대표적인 전통 식품으로 세계 어느 나라에도 비슷한 식품이 없는 유일무이한 독특한 제품이다. 김치는 배추나 무 등 채소를 젖산균에 의해 발효시킨 것으로 200여 종류 이상이 있다. 그런데 김치에 대해 비과학적이며 잘못 알려진 이야기들도 많은데, 이러한 이야기들은 우리나라 대표 식품인 김치의 역사, 기원, 어원 등을 왜곡시켜 김치의 본질과 품격을 떨어뜨리기도 한다. 김치에 대한 기록은 시경(詩經)(주희(朱熹) BC 500년)에 나와 있으며 지금부터 수천 년 전 이전에 발견한 발효 식품이다. 물론 시경에 나오는 서(菹)가 발효 식품인 한국의 김치만을 나타내는 것인가에 대한 정확한 답을 줄 수는 없다. 이미 삼국 시대에 고추를 재배하고 있었다는 사실〔椒島〕과 김치를 찢어 먹었다는 삼국사기(三國史記)(김부식, 1145년)의 기록에 비추어 보면 이러한 기록이 이루어지기 수백 년-수천 년 전에 배추김치가 있었다는 증거이다[6,21].

우리 조상들은 배추뿐만 아니라 다양한 종류의 채소들을 이용하여 김치를 담가 먹었다. 수백 년 전의 많은 문헌에 다양한 종류의 김치와 김치 담그는 법 등이 나와 있다(증보산림경제, 류중림, 1766년), 오주연문장전산고, 산림경제, 임원십육지(1835). 그런데 문헌에 나오는 이러한 다양한 종류의 김치는 오늘날 김치와 별반 다를 바 없다.

고추가 임진왜란 때 일본에서 들어왔다고 주장하는 사람들은 김치의 주재료인 고추의 도입 시기에 맞춰 김치 역사를 보고 있다. 이들은 각종 문헌에 김치를 나타내는 글자 저(菹)가 임진왜란 이전 문헌, 삼국사기(三國史記), 점필재집(佔畢齋集), 고려사절요(高麗史節要)에서 무수히 발견되는데, 이에 대해 그 저(菹)가 김치가 아니라 짠맛을 위주로 하는 일본과 중국의 쓰게모노나 파오차이라고까지 주장한다[18,19,23]. 그러면서 동치미를 예를 들고 있는데, 이는 동치미를 잘못 알고 말하는 것이다. 우리 민족은 겨울에 김장을 담글 때, 주로 무를 이용하여 동치미〔싱건지〕를 담가 먹는 풍습이 있었다. 동치미는 일종의 김치로 무를 통째로 크게 썰어서 소금을 넣은 물에 담가둔다. 수십 일이 지난 후에 건져서 채를 써서 먹기도 하고, 그 국물을 마시기도 한다. 특히 동치미 국물은 시원한 맛을 찾는 사람들이 매우 선호하는 식품이다. 그래서 이를 싱건지라고 하였다. 동치미에 대한 기록을 보면, 세종실록에 복통이 난 처녀가 동치미국〔汁菹〕을 찾았다는 기록(조선왕조실록(朝鮮王朝實錄)(1424년)과 성대중(成大中)(1732~1812)이 쓴 청성잡기(青城雜記)에 갈증이 나자 김칫국〔汁菹〕을 먹으려다가 김치독에 빠진 사건 등이 있다. 현재의 동치미와 그 당시의 동치미가 하나도 다를 바 없는 것이다.

고추의 임진왜란 도입설에 따라 백김치가 빨간 김치보다 먼저 있었다는 주장도 있는데, 만일 백김치가 먼저 있었고 이를 개발하여 지금의 빨간 김치를 만들었다면, 지금의 김치가 적김치로 기록되어야 할 것이다. 그러나 모든 문헌에는 지금의 우리 김치를 그냥 김치로 기록하고 있다. 언어학적으로도 형용사가 붙은 백김치라는 말이 있는 그 자체가 백김치가 나중이라는 뜻임을 알 수 있다. 15세기 초에 세종대왕이 한글을 만들 때 백성들이 불렀던 김치는 최세진의 훈몽자회(訓蒙字會)(1527)에서 나온 바와 같이 지금 우리가 먹고 있는 김치이고 배추김치이다(그림 8, 그림 40).

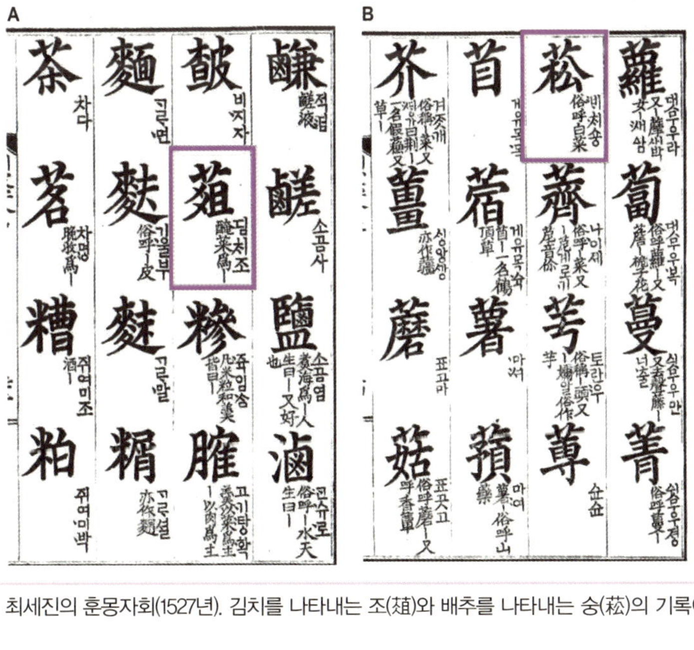

그림 40 최세진의 훈몽자회(1527년). 김치를 나타내는 조(菹)와 배추를 나타내는 숭(菘)의 기록이 보임

무김치원조설을 주장하는 사람들이 있는데, 이것도 고추의 등장 시기에 맞춘 주장이다. 산둥반도가 그리 멀지도 않았고 고구려 시대부터 우리나라와 교류가 있었던 데다가, 당나라와 송나라 이전부터 교류가 있었는데 배추가 지금부터 100년 전에서야 산둥반도에서 들어와서 그 후부터 배추김치가 있었다는 주장이다[18,23].

결구배추로만 김치를 담그는 것은 아니다. 봄부터 가을까지 뜰이나 텃밭에 나는 봄동이나 얼갈이 배추로도 때마다 김치를 담가 먹었으며, 겨울을 나기 위해서는 김장을 해야 하는데, 가을에는 일찍 배추를 수확하지 않고 충분히 키워서 이것으로 김장을 하였다. 배추를 수확할 때 짚으로 묶어 주면 속이 차서 속칭 결구배추가 생산되고 이 속이 가득 찬 배추를 김장김치용으로 선호하기 시작하였다. 아마 김장김치를 담그는 배추를 재배할 때 짚으로 묶어주면 속이 찬다는 것을 안 것도 수백 년 전일 것이다.

100년 전에 이미 우리나라에 배추가 있었다는 것과 관련된 문헌도 무수히 많다. 앞서 언급한 바와 같이 최세진의 훈몽자회에 배추를 나타내는 숭(菘)이 나오며(그림 40), 이규보의 동국이상국집(1241)에 이미 가을배추〔秋菘〕란 기록이 있다. 또한 서거정의 동문선(徐居正)(1478) 및 사가집(四佳集)(1488)에도 배추를 뜻하는 숭(菘)이 20번 이상 나온다. 김종직의 점필재집(佔畢齋集)(1497)에도 수없이 나오고 있다. 또한 김시습(金時習)의 매월당집(梅月堂集)(1583)에는 배추의 또 다른 표현일 수 있는 숭채(菘菜)가 수없이 나오고 있다. 이러한 결과만 보더라도 그전에는 배추가 없었다는 주장은 성립될 수 없다. 그리고 김종덕도 배추가 오래전부터 우리나라에서 있었음을 이미 인정하였다[54]. 또한 우리말 배추[빈채]를 한자로 표기하기 위하여 만든 다른 한자인 백채(白菜)도 성현(成俔)의 용재총화(慵齋叢話)(1525년), 권별(權鼈)의 해동잡록(海東雜錄)(1670년), 서거정의 사가집 등에서 찾을 수 있다. 사가집에 이미 배추의 겉과 속의 색을 청색과 백색으로 구분하여 표기하여 15세기 당시에도 결구배추는 이미 있었다는 확실한 기록이 있으며, 이덕무의 청장관전서(靑莊館全書)(1795년)에는 결구배추만 있을 수 있는 배추속[菘心]은 연하다는 표현이 있다. 앞서 정약용(丁若鏞)의 다산시문집(茶山詩文集)(1865년)에서도 배추의 속에 관한 표현이 있다.

따라서 배추는 오래전부터 있었으며 특히 배추를 묶어서 겉과 속의 색깔이 다르게 나타나고 씹는 느낌이 다른 결구배추가 있었음을 분명하게 보여 주고 있다.

배추와 배추김치 존재에 대한 문헌으로는 고려 시대 이전의 역사를 기록한 김부식의 삼국사기에 나오는데 후백제 궁예(弓裔)(857?~918) 시대에 사람을 잔인하게 죽이고 싶을 때 김치와 젓갈[菹醢] 담글 듯하다는 표현이 있다(그림 41). 이를 보면 삼국 시대에도 배추를 이용하여 김치를 담그고 있었음을 알 수 있다. 김치를 찢어 먹는 표현으로 보아 당연히 고추를 넣어서 오늘날의 김치와 크게 다를 바 없었음을 알 수 있다. 당시에 배추김치를 나타내는 표현으로는 숭저(菘菹), 숭제(菘虀), 침숭채(沈菘菜) 등 다양하였다. 김창업(金昌業, 1658~1721년)의 연행일기(燕行日記)(1712년)에 숭저(菘菹, 배추김치)와 함께 밥을 맛있게 먹었다는 기록이 있다(그림 42). 그리고 다산 정약용의 다산시문집에도 냉면에 배추김치를 곁들인다는 표현이 나온다. 또한 서거정의 사가집에 품종이 다른 늦가을 배추를 이용하여 항아리에 배추김치[숭제, 菘虀]를 담는 내용의 시가 기록되어 있다(그림 43). 이러한 문헌 결과로 보아 우리나라에 결구 배추가 들어온 지 100여 년밖에 안 되고 결과적으로 김장 김치 역사도 백 년밖에 안 되었다는 주장[18,19]은 설득력이 없다. 이 주장도 단지 고추가 임진왜란 때 들어 왔다는 설의 모순점을 극복하기 위하여 짜 맞추기 위한 설에 불과하다.

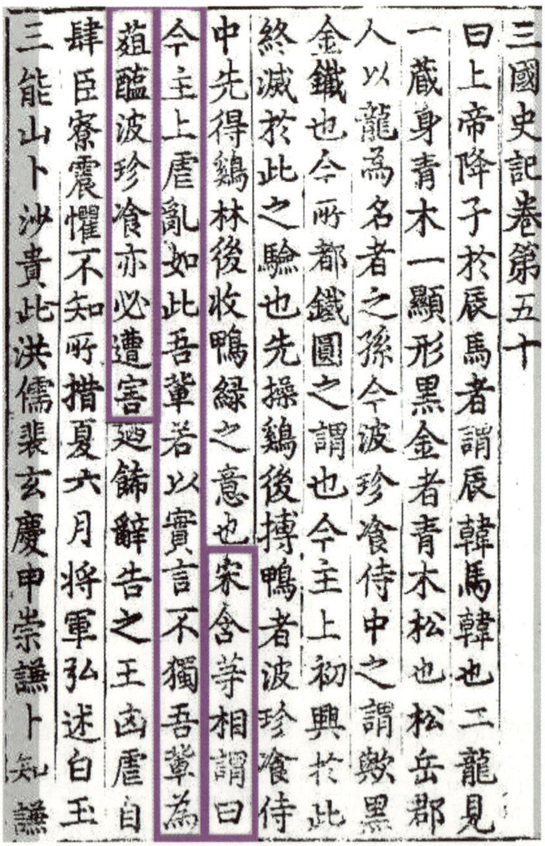

三國史記卷第五十
曰上帝降子於辰馬者謂辰韓馬韓也二龍見
一蔵身青木一顆形黒金者青木松也松岳郡
人以龍為名者之孫今波珍飡侍中之謂歟黒
金鐵也今所都鐵圓之謂也今主上初興於此
終滅於此之驗也先操鷄後搏鴨者波珍飡侍
中先得鷄林後收鴨緑之意也宋含等相謂曰
今主上虐亂如此吾輩若以實言不獨吾輩為
葅醢波珍飡亦必遭害迺飾辭告之王凶虐自
肆臣寮震懼不知所措夏六月將軍弘述白玉
三能山卜沙貴此洪儒裴玄慶申崇謙卜知謙

그림 41 김부식의 삼국사기. 백제 궁예 시대에 사람을 잔인하게 죽이고 싶을 때 사람으로 김치를 담고 젓갈을 담는다는 표현이 있음

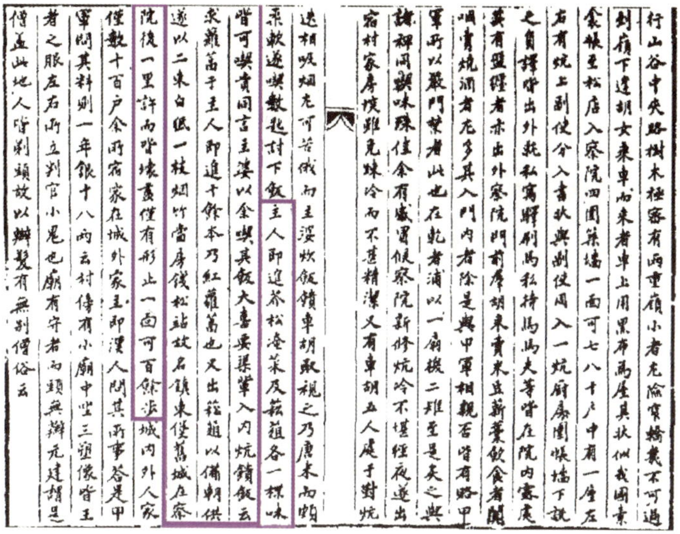

老稼齋燕行日記

그림 42 김창업의 연행일기(1712년)에 숭저(배추김치, 菘菹)와 함께 밥을 맛있게 먹었다는 기록이 있음

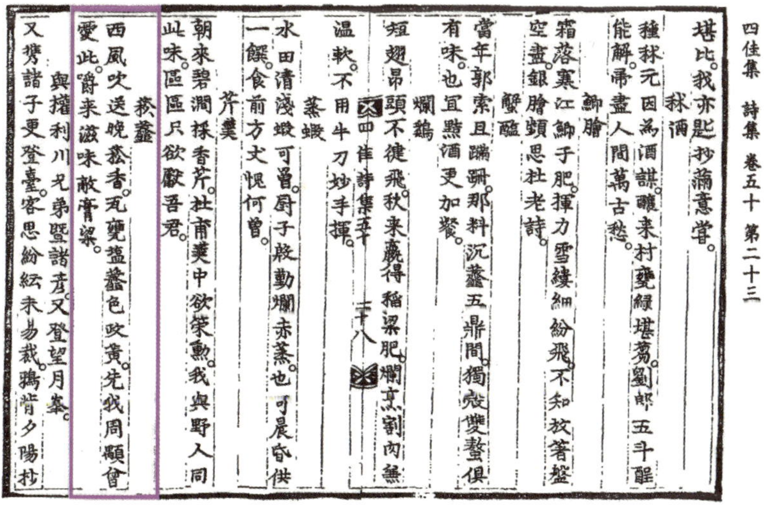

四佳集 詩集 卷五十 第二十三

堪比。我亦匙抄蒲意嘗。

秋酒

種秫元因爲酒謀。醸來村甕綠堪蒭。劉郎五斗醒能解。弗盡人間萬古愁。

鯽膾

霜落寒江鯽子肥。揮力雪縷細紛飛。不知放箸盤空盡。銀膾頻思杜老詩。

蟹醢

當年郭索且蹣跚。那料沉蘫五鼎間。獨殼雙螯俱有味。也宜黙酒更加餐。

爛鵝

短翅昂頭不健飛。秋來羸得稻粱肥。爛烹割肉無溫軟。不用牛刀妙手揮。

蒸蝦

水田清淺蝦可罾。厨子殷勤爛赤蒸。也可晨昏供一饌。食前方丈恨何曾。

芹羹

朝來碧澗採香芹。杜甫羹中欲荣勳。我與野人同此味。區區只欲獻吾君。

菘虀

西風吹送晩菘香。瓦甕盐虀色㪅黄。先我周顒曾愛此。嚼來滋味敵膏粱。

與權利川兄弟暨諸彦。又登望月峯。

又携諸子更登臺。客思紛紜未易裁。鵓背夕陽抄

그림 43 서거정의 사가집(1488년). 품종이 다른 늦가을 배추를 이용하여 항아리에 배추김치(숭제, 菘虀)를 담는 내용의 시

5. 음식디미방에 언급된 고추

'음식디미방'은 1670년(현종 11)경에 이현일(李玄逸)의 어머니인 안동장씨(安東張氏)(1598~1680)가 쓴 조리서로, 표지에는 한문으로 '규곤시의방(閨壼是議方)'이라 쓰여 있다. 음식디미방은 17세기 안동 지방의 양반이 먹은 음식에 관한 조리법이라고 보면 타당할 것이며 한글로 표기된 가장 오래된 요리서로 그 가치가 매우 크다. 책 첫머리에는 한글로 '음식디미방'이라 쓰여 있다.

한글이 창제되고 고추를 나타내는 한자 초(椒)를 우리말로 어떻게 불렀는지를 알려면 최초의 옥편격인 훈몽자회를 보면 된다. 훈몽자회에서는 고추를 '고쵸'라고 하고 '椒'라고 표기함을 금방 알 수 있다(그림 3)(부록 4. 음식디미방의 고추 표현). 표준어가 없었을 시기이므로, 고추를 '고쵸'라고 부르는 사람도 있었고 '호쵸'라고 부르는 사람도 있었다. 지금도 평안남도와 황해도 사투리에서는 고추를 후추라고 부른다[55]. 앞의 수많은 문헌을 통해 椒(초)로 표기하는 것이 고추임을 알 수 있다. 조선 후기 최영년의 해동죽지(海東竹枝)에는 고추를 촉초(蜀椒)라고까지 기록하고 있다. 네덜란드 하멜(1641~1717) 일행의 기록도 조선에서 마늘, 파, 나물과 함께 호쵸라고 발음하는 고추(Goetsio)를 보고 이를 기록으로 남겼다[16,56]. 이를 보면 고추는 오래전에는 '고쵸', '호쵸'라고 불리다가 자연스럽게 '고초', '호초' 그리고 '고추', '후추'로 바뀌었고, 결국 '고추'로 통일되어 표준어로 굳어지고 있음을 알 수 있다.

고추의 유전학적 분석에서 수백만 년 전부터 우리나라에 고유의 고추가 있었고, 생물학적으로 적어도 50만 년 전부터 우리나라에 두 종류의 고추가 있었음을 보여 주었다[36,38]. 또한 몇몇 문헌을 통해서도 위와 같이 오랫동안 두 종류의 고추가 있었음을 알 수 있다. 예를 들면 시집살이의 고추 당추, 고초 당초 등 고초 천초, 고추 호추, 호고추 고추, 고추 땡초, 고추 청양초 등 두 가지 고추가 있었음을 암시하는 문헌이 많다. 따라서 우리고추를 두리 뭉실 이야기할 때 고추당초, 호초천초라고 이야기할 수 있음을 알 수 있다. 앞서 연구한 바와 같이 한문 川椒(천초)는 중국의 남방인 사천(四川) 지방의 고추를 표기한 것이다. 이와 같이 한글 고문헌을 번역할 때에는 아집과 편견을 버리고 책의 문맥과 조리 과정, 음식의 맛도 생각하면서 신중이 고려하여 번역하여야 한다.

김치, 고추장, 비빔밥, 떡볶이, 닭도리탕, 겉절이 등 우리나라에서만큼 고추가 다양한 음식에 적용되는 경우도 드물다. 아시아에서 고추는 생각보다 오래전부터 많은 민족의 음식에 사용되어 왔으며 전 세계적으로 광범위하게 재배되어 왔고, 그 용도와 종류도 매우 다양하다

과학이란 인류의 역사와 자연의 이치를 쉽게 이해하는 데 절대적으로 필요한 부분이다. 따라서 과학적이지 않은 절대적 진리는 있을 수 없다. 또한 갈릴레이가 이야기하였듯이 진리란 쉽게 이해되지 않으면 진리라 할 수 없다. 이 말은 현재에도 그대로 적용되어 어떠한 진리라고 하는 것도 쉽게 이해되지 않고 자연을 거스르는 것은 진리가 아닐 가능성이 많다. 대부분 자연과학은 이렇게 쉽게 이해되지 않는 것은 진리가 아니라는 대전제하에 많은 탐구와 실험이 이루어졌으며 그 결과 발견한 진리를 통하여 자연현상과 생명현상을 이해하고 이를 기반으로 과학이 발달하여 왔다. 그러나 인류 역사와 관련이 있는 부분에서는 보편적 진리가 힘을 발휘하지 못한 경우가 있다. 특히 자연과학과 인문학이 결합된 식문화 분야에서는 유독 자연과학적으로 이해되지

못한 설들이 진리인 것처럼 자리 잡고 있어서 식품 발전을 저해하는 경우가 있다.

특히 인문학자들은 자기주장에 대하여 절대적인 영향력을 행사하려는 경향이 있다. 자연과학자들은 비록 자기가 주장했더라도 나중에 자연현상을 나타내는 데이터가 원래 주장과 다르게 나타나면 그 데이터에 승복하는데, 인문학자들은 데이터에 승복하지 않으려는 경향이 있다. 이러한 행태는 잘못된 것을 고치지 못하고 결국 식품문화 발전에 저해 요인으로 남아 있다.

이러한 여러 가지 문헌을 보면 우리나라에서 고추는 수천 년 전부터 재배하고 있었으며 고추장과 김치도 적어도 임진왜란이 일어나기 수백 년 전부터 있었다는 것을 확인할 수 있다. 이 결과는 우리나라에는 고추가 길게는 몇 백만 년 전부터 짧게는 적어도 몇 만 년 전부터 우리 고유 품종으로 있었음을 보여 주고 있다는 유전자 분석 결과와 일치한다.

4

농경학적 식품과학적 분석

1. 농경학적 분석
2. 식품학적 분석

식품과학자로서 고추의 임진왜란 도입설을 생각하면 가장 먼저 떠오르는 원천적인 의문점은 과연 그 매운 멕시코 고추로 김치와 고추장을 담그면 담가질까, 그리고 과연 먹을 수 있을까 하는 점이다. 또한 고추와 후추를 혼돈하여 쓰고 있으며, 어떤 경우는 같은 것으로 이해하는데 고추와 후추, 산초가 어떻게 다른지에 대한 궁금증이 생기게 된다. 동시에 과연 고추가 농경학적으로 나무〔木〕인지 풀〔草〕인지에 대한 의문도 생긴다.

이에 대한 답으로 먼저 농가월령가(農家月令歌, 정학유) 등 고문헌에 나오는 고추와 오주연문장전산고(五洲衍文長箋散稿)에 나오는 호초〔후추〕의 기록 등을 분석하면서 농경학적인 측면에서 우리고추와 후추, 산초를 구별하는 것은 매우 흥미롭다.

이미 우리고추도 열대 지방과 같이 서리를 맞지 않은 지역에서 자라면 목질화가 되어 다년생으로 자랄 수 있는지 확인하였다(그림 13).

일반적으로 고추 등과 같은 식물을 사람이 어느 나라에 갖고 들어간다면 우선 그 식물로 만들어 먹는 음식이 있어야만 당위성이 성립된다. 즉 일본에서 고추를 임진왜란 때 갖고 들어왔다면 일본에는 고추로 만든 음식이 광범위하게 있어야 한다. 그런데 일본에는 오늘날까지도 고추가 들어간 음식이 많지 않다. 심지어 일본에서는 마늘도 즐겨 먹지 않는다. 일본에 그러한 음식이 없다면, 식품학적으로 고추가 일본에서 들어왔다고 하여 우리나라에서 고추로 만든 음식이 바로 발견된다는 것도 식품학적으로 성립되기 어렵다. 설사 만들어진다고 해도 멕시코 고추나 태국고추, 인도고추로 김치와 고추장을 만들면 오늘날의 우리 김치와 고추장을 만들 수 있는지 당장 실험해 보아도 금방 알 수 있다.

요즈음은 중남미 고춧가루가 수입되기 때문에 수입 고춧가루로 김치와 고추장을 담가보는 실험을 한 결과, 멕시코 수입고추로는 김치를 담글 수도 없으며 억지로 담가도 절대로 먹을 수 없다. 우리고추로만 김치, 고추장을 담글 수 있다.

1. 농경학적 분석

고추(chilli, red pepper)는 현재 우리나라에서 쌀 다음으로 두 번째로 비중이 큰 농산물이다. 앞서 생물학적으로 분석한 바와 같이 고추는 가지과 식물로 씨에 의하여 전파되기 때문에 씨를 받아 그 다음에 뿌려 재생산할 수 있고, 우리나라에서는 3월경에 뿌려 4월에 싹이 나서 6~9월까지 수확하고 10월이 되면 서리를 맞아 녹아 나면서 한 해 농사를 마무리하게 된다. 열대 지방의 경우에는 서리가 내리지 않기 때문에 다음 해에도 계속 자라면서 목질화되어 나무

〔木〕 형태로 자라기까지 한다(그림 13). 고추의 매운맛 성분은 캡사이신이며 고추를 말리면 카로티노이드(carotenoid)계의 빨간색으로 변한다.

고문헌에서는 고추가 '고쵸'라고 되어 있으며(그림 3), 한자 표기로는 대부분 椒(초)라고 적는데, 어떤 이는 胡椒(호초)라고 표기하기도 한다. 19세기 말 이후부터는 한자로는 苦椒(고초)라고 표기하는 것이 통용화되었다. 중국에서는 지방마다 고추가 약간씩 다르기 때문에 지방이나 그때의 나라 이름을 따서 천초(川椒), 촉초(蜀椒), 진초(晉椒), 호초(胡椒) 등으로 기록한다(그림 26). 우리나라에서도 오늘날 청양초의 원조가 된 약간 매운 고추를 당초, 땡초라고 하고, 당초(唐椒)로 기록한 경우가 있다. 임진왜란 후에 우리나라에 태국고추와 같은 매우 고추가 들어오면서 증보산림경제(增補山林經濟)의 류중림(柳重臨) 같은 이들 고추를 번초(番椒), 또는 남만초라고 하였기 때문에 어떤 이는 고추를 만초(蠻椒)라고 표기한 사람도 있다.

후추(black pepper)는 후추과의 식물로 열매를 향신료로 쓴다. 녹색의 후추 열매를 말리면 대부분 흑갈색으로 변하여 이를 갈거나 빻아서 향신료로 쓴다. 후추는 '후츄'라고 불렀으며〔음식디미방〕 한자로는 대부분 호초(胡椒)라고 기록하고 가끔 촉초(蜀椒)로도 표기되어 있다. 따라서 고추와 후추가 혼돈하게 된다. 따라서 고문헌에 나타난 胡椒(호초) 표기는 일방적으로 모두 후추라고 말할 수 없다. 후추의 매운맛 성분은 피페린(piperine)으로 고추의 매운맛과는 다른 느낌이다. 후추나무는 우리나라에서 나지 않으며 후추열매(씨)는 단단하지 않아 만일 동물이 먹으면 분해된다. 따라서 원산지가 특정지어 인도로 알려졌다. 우리나라 기후에서는 자라지 못한다.

우리말 '분디' 또는 '조피'라고 불리는 산초(*Zanthoxylum piperitum*)나 조피(*Zanthoxylum schinifolium*, 젠피) 나무는 운향과(Rutaceae)에 속한다. 우리나라에는 남부 해안가의 산에 가끔 보이는 나무로 잎이나 열매는 향신료나 약재로 쓰인다. 분디와 조피나무는 분명히 다르나 일반인들은 쉽게 구별할 수 없다. 옛날 우리나라 사람들은 분디와 조피를 구별하여 말하였으나 한자로 기록할 때는 대부분 이를 구별하지 못하고 산초(山椒)로 표기하였다(그림 3). 잎사귀나 열매(녹갈색)를 갈아 추어탕이나 생선탕에 가끔 넣는 경우가 있다. 분디나 초피의 열매를 대부분 산초(山椒)로 기록하고 있는데 일부는 천초(川椒)로 기록한 경우도 있다. 그렇지만 현대 중국에서는 고추를 천초로 표기한다. 따라서 어느 기관에서 고문헌에 나오는 천초를 무조건 산초로 번역하는 경우도 있는데, 이는 잘못이다. 이것도 문장의 앞뒤 내용을 과학적으로 분석하여 고추인지 산초인지 구분할 필요가 있다. 이 분디와 초피나무는 우리 농경역사상 한 번도 경작된 적이 없다. 많은 양의 쓰임이 필요 없기 때문에 경작할 필요도 없다.

● 고추를 나타내는 초(椒)

임진왜란 전 수많은 문헌에 고추를 나타내는 기록이 초(椒)로 표기되어 있다. 고추가 임진왜란 때 일본으로부터 전래되었다고 주장하는 사람들은 이 모든 기록을 무시하고 있다. 이에 고문헌의 고추 농사 기록을 살펴보고자 한다.

가장 오래된 기록은 앞서 시경에 나온다. 그러나 고추를 재배한 기록으로 나오는 것은 삼국사기(1145년)의 초도(椒島)이다(그림 45). 이 초도에 대하여 만기요람(萬機要覽)(1808년)의 군정편4(軍政編四))에 의하면 '초도'는 "초(椒)가 생산되

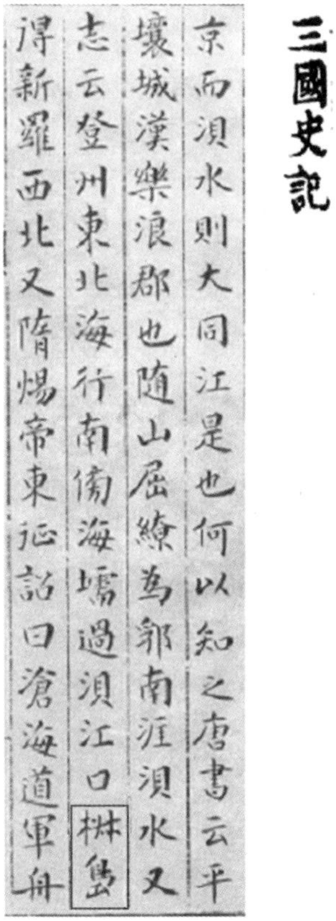

三國史記

京而浿水則大同江是也何以知之唐書云平
壤城漢樂浪郡也隨山屈繚爲郛南涯浿水又
志云登州東北海行南傍海壖過浿江口椒島
得新羅西北又隋煬帝東征詔曰滄海道軍舟

(a)

萬機要覽

(b)

그림 44 김부식의 삼국사기(권37/잡지제6/지리4)(1145년)와 만기요람의 以産椒故名/초(椒)가 생산되기 때문에 붙인 이름이라 나옴. 초도가 나오는 것으로 보아 고구려 시대에 이미 고추가 경작됨을 알 수 있음

기 때문에 붙인 이름/以産椒故名"이라고 하였다. 구체적으로 이 초도(椒島)는 황해도 송화군 풍해면에 속하는 섬이다. 우리나라에서 고추 말고 후추나 산초 어느 것도 경작되지 않기 때문에 초도를 나타내는 초(椒)가 고추가 아니라고

부정할 증거가 없다. 해동역사(海東繹史)(한치윤(韓致奫), 1800년)에도 '椒島'가 나오는데, 당나라(618~907)와 무역하는 문호가 신라 때에는 풍천(豐川)이 초도(椒島)였다. 고려사(高麗史)(1073년 문종)에도 지금의 함남 정평에 고추가 많이 재배된다는 초도의 기록이 나온다. 이러한 문헌을 보면 삼국 시대 이전에 이미 고추가 우리나라에 광범위하게 재배되고 있음을 알 수 있다.

중국에 현존하는 가장 오래된 종합 농업기술서인 제민요술(齊民要術)(賈思勰, 6세기 전반)에는 "초(椒)는 맑은 날씨에 따내어서 얇게 펴서 햇살에 하루쯤 말리면 빨간 색깔의 양질의 고추가 되며, 잎이 푸른 상태일 때에 따 들인 것은 절임용도로 쓸 수 있고, 말려서 가루로 만든 것은 여러 가지 식용으로 쓸 수 있다/天晴時摘下, 薄布曝之, 令一日卽乾, 色赤椒好, 其葉及青摘取, 可以爲菹, 乾而末之, 亦足充事"라고 기록되어 있다. 오늘날의 고추의 쓰임새와 똑같은 것임을 알 수 있다. 어떤 사람들은 이를 후추라고 주장하는데, 후추나 산초를 말리면 결코 빨간색이 될 수 없다. 오로지 카로티노이드 색소를 갖고 있는 고추만이 말리면 빨간색이 된다. 동시에 후추는 절임용으로도 쓸 수 없다. 그리고 그 후 농서인 사시찬요초(四時纂要抄)(강희맹, 1482~83년)의 음력 8월 초에 "고추를 거두어 들였다/ 取椒實"는 기록도 나오는데 우리나라에서 음력 8월에 수확하는 것도 고추밖에 없다.

● 후추를 나타내는 호초(胡椒)

후추는 우리나라에서는 식품으로 쓰이기보다 약재로서 쓰이기 때문에 매우 비싸다(MBC 스파이스루트, 2009.11.23.)[6]. 그리고 의영고(義盈庫)에 일정 양을 약재로 확보하지 않으면 큰일이 나는 물건이었다(연산군일기, 1499년 10월 4일). 후추로서의 호초(胡椒)는 앞서 언급한 것처럼 우리나라에는 고려 때 남방제국과의 무역품으로 단목, 유황과 함께 비싼 무역품에 속했다. 고려 시대 파한집(破閑集)(이인로(李仁老), 1152~1220년)에 나오며, 고려사(高麗史)(김종서(金宗瑞) 등, 1449~1451년)에도 유구(琉球)의 사신이 후추 300근을 가져왔다는 호초(胡椒)로서의 기록이 있다. 후추는 우리나라에서 나지 않는 물품으로 일본이나 중국 사신들이 갖고 들어오는 비싼 물건으로 기록되고 있다.

조선 시대 표해록(漂海錄)(1488년)을 보면 후추는 우리나라에서 재배되지 않는 것으로 기록되어 있다. 표해록에 "우리나라에서는 후추가 생산되지 않으므로, 애초부터 가지고 오지 않았소/本國不産胡椒. 初不賫來"라고 기록되어 있으며, 이시진의 본초강목(本草綱目)(1596년)에서도 "胡椒(호초)는 매운맛이 椒(초)와 비슷하기 때문에 椒(초)라는 명칭이 붙었지만 실제로 椒[고추]는 아니다."라고 기록하므로 후추는 고추와 매운맛이 있을 뿐 완전히 다른 종류이며, 이미 고추가 있었음을 보여 주고 있다.

이런 후추에 대하여 그 성격, 재배와 생산, 문제점을 자세하게 잘 나타낸 것이 18세기 이규경의 오주연문장전산고의 호초변증설이다. 이규경은 후추를 호초(胡椒)로 기록하였다. 호초변증설에서는 후추가 비싸서 임금이 후추를 구해다가 심어 보라고 하여 어렵게 후추나무를 가져다가 제주도에 심어 보았더니 몇 년 자라다가 말라 죽었고, 결국 중국이나 일본에서 구하여 약재와 식품에 사용하였다는 내용이다. 오주연문장전산고를 보면 후추는 과거에도 우리나라에서 나지 않았고 현재에도 나지 않는 식물이다[6,16]. 이외 후추를 호초로 기록하고 있는 기록은 많다. 조선왕조실록에 보면 후추를 바치도록 하고 성종은 후추 종자를 구하려고 많은 노력을 하였다고 한다(성종실록 1483년, 2월 21일, 1486년, 8월 19일). 이런 문헌에서의 호초(胡椒)로 기록된 것들은 후추가 맞다. 이와 같이 후추는 비싸기 때문에 기록으로도 도량형 단위가 기껏해야 되〔升〕 단위로 기록되고 있다. 차천로(車天輅)(1556년)의 오산설림초고(伍山說林草藁)에는 "근정전 뜰에서 잔치를 베풀고 여러 유생들에게 1인당 후추 한 되씩을 내려주었다/賜宴于勤政殿庭. 賜諸生胡椒人一升"라고 기록되어 있다.

● 고추를 나타내는 호초(胡椒), 천초(川椒), 당초(唐椒) 등

우리말과 한자 표기의 괴리 때문에 많은 문헌에서 고추를 호초(胡椒), 또는 다르게 표현하는 경우가 많다. 그 원인은 앞서 이야기한 바와 같이 백성들은 한글이 창제되기 이전에나 심지어 그 이후에도 '고쵸'와 '호쵸'의 발음을 정확히 구분하지 못하고, 어떤 이는 고추를 '고쵸'라고 말하고 어떤 이는 고추를 '호쵸'라고 말하고 있었음을 보여 주고 있다. 원래 고추를 한자로 정확히 표기하려면 초(椒)로 표기하여야 하는데 당시에는 기준이 없으므로 고추를 호쵸라고도 부르므로 후추와 혼돈하여 고추를 호초(胡椒)로 표기하는 경우가 가끔 있다.

고려 말(14세기)에 박씨 성을 가진 역관이 중국을 여행하면서 중국어 회화책으로 박통사(朴通事)라는 책을 편찬하였다. 이 책은 소실되어 남아 있지 않으나, 200여 년 후 이를 번역한 1510년대의 번역박통사(飜譯朴通事)와 1677년에 출판한 박통사언해(朴通事諺解)가 있다. 박통사에서는 '椒'라고 한 부분을, 번역박통사에서는 한자 胡椒로, 박통사언해에서는 한글 호쵸로 번역하였다.

"泥椒紅墻壁/胡椒 가라조차 바르고 블근칠한담과 바르매"

– 번역박통사(飜譯朴通事)(1510년대)

"椒紅墻壁/호쵸로.바른.블근墻壁에"

– 박통사언해(朴通事諺解)(1677년)

후추나 산초는 갈아도 붉은 색을 띌 수 없기 때문에 여기서 초는 고추이다. 그런데 1300년대 박통사가 중국을 여행하면서 중국에서 '고추를 갈아 담벽에 붉게 칠한 것'이라는 것을 한자로 기록한 "泥椒紅墻壁"을 나중에 번역한 것인데, 이미 박통사가 중국에 다닐 때 고추가 있었기 때문에 초(椒)로 기록하였고, 번역했던 사람들은 고추를 우리말 '호쵸', 또 한자 '胡椒(호초)'로 번역하였다. 즉 우리나라 사람들은 고추를 호쵸라고 하는 사람도 있었고, 胡椒로 표기한 사람도 있다. 또한 실제 1489년의 구급간이방(救急簡易方)을 언해한 구급간이방언해(救急簡易方諺解)에서도 한자 '생호초(生胡椒)', 호초(胡椒)를 '고쵸'로 번역하고 있으므로, 고추를 호초로도 기록하고 있음을 알 수 있다.

일본에서는 남만에서 온 고추를 남만호초(南蠻胡椒)라고 하고, 조선에서 온 고추를 고려호초(高麗胡椒)라고 한다. 본조세사담기(本朝世事談綺)(菊岡沾凉, 1734년)에는 남만호초 내용이 나오고, 대화본초(大和本草)(見原益軒, 1709년)와 성형도설(成形圖說)(白尾國柱, 1804년)에는 고려호초 내용이 나온다. 당연히 일본에도 대륙에서 들어온 고추와 남만에서 오키나와로 들어간 고추가 따로 있다는 증거이며, 고추를 호초(胡椒)라고 기록하고 고쇼우(こしょう)라고 부른다. 일본문헌에 나타난

이 고려호초의 내용을 두고 호초를 후추라고 해석하는 사람은 아무도 없을 것이다. 당연히 일본문헌의 고려호초는 고추를 의미한다. 이러한 영향을 받아서인지 우리나라 고추를 '호고추'라고 부르는 곳도 있다[57]. 표준어가 만들어지기 전에 얼마든지 있을 수 있는 현상이다. 일본에서 임진왜란 때 고추가 들어왔다고 주장하는 이들이 모든 문헌의 호초(胡椒)를 후추라고 주장하는 것은 본인들의 잘못된 주장을 합리화하기 위한 것으로 생각된다.

2. 식품학적 분석

● 고추의 매운맛

고추는 비타민 C(vitamin C)가 풍부하고, 카로티노이드(carotenoid)계 등 다양한 색소와 다음 구조와 같이 캡사이신(capsaicin)으로 대표되는 매운맛 성분이 포함되어 있다.

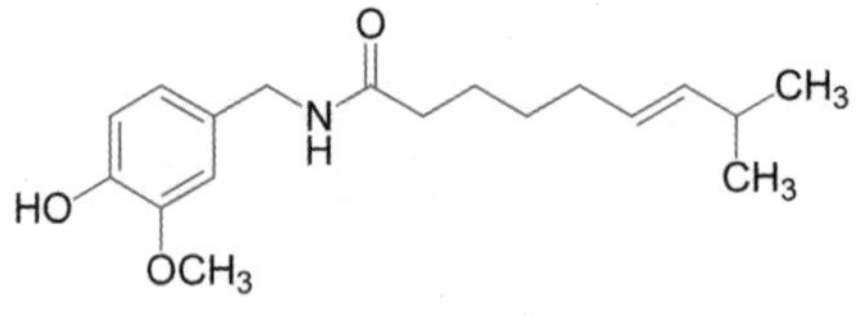

고추의 매운맛을 내는 캡사이신(capsaicin, capsaicinoid)은 주로 고추의 과피와 종자 사이에 있는 태좌(placenta)와 격막 부분에 존재한다. 캡사이신 유도체는 12개 정도 되며, 캡사이신, 다이하이드로켑사이신(dihydrocapsaicin) 등이 강한 매운

맛을 띤다.

고추 종류에 따라 매운맛의 크기가 다른데, 표 1에 고추의 종류와 매운맛의 크기를 고추의 품종별로 주생산지와 함께 나타냈다. 매운맛이 가장 강한 고추는 *Capsicum chinense* 계통의 나가졸로키아(naga jolokia)로 인도 지방의 고추로 무려 우리나라 고추보다 80~100배 정도 맵다. 일부 학자들이 우리나라에 멕시코 고추로 들어왔다고 주장하는 아히(aji)나 그 외 중남미 고추인 할라피뇨(jalapeno)나 타바스코(tabasco) 고추는 우리고추보다 10~50배 더 맵다. 태국고추만 해도 75~150배 이상 맵다. 아히, 번초, 남만초 등 어떠한 고추도 우리고추보다 수십 배 매운맛을 나타낸다. 따라서 이러한 매운 고추가 아닌 우리나라 고유의 고추가 임진왜란 때 처음으로 들어왔다는 사실은 성립될 수 없다.

앞에서도 이야기하였지만 세계 다른 어느 나라도 그 나라 고유의 고추로만 그 나라의 고추 관련 음식을 발견하거나 개발할 수 있었을 것이다. 고추의 품종은 매우 다양하여 아무 고추로 김치나 고추장을 담글 수 없다. 즉 우리 고추장과 김치는 우리 고추로만 담글 수 있고, 헝가리 굴라시(goulash)는 헝가리 고추로만 만들 수 있으며, 타바스코 소스는 멕시코 고추로, 인도 향신료는 캡사이신 농도가 매우 진한 인도 고추로만 만들 수 있다.

이성우가 주장하는 멕시코 고추가 임진왜란 때 우리나라에 들어와서 진화하여 우리 고추가 되었다는 주장이나, 우리 민족이 우수하여 멕시코 고추로 우리 김치로 고추장을 만들었다는 것은 생물학적으로나 식품과학적으로 성립될 수 없다. 고추는 김치 담그는 데 필수 요소로서 유해 미생물은 자라지 못하고 젖산균과 같은 유용미생물만 자라게 하는 핵심 성분이다[20]. 즉 우리 고추가

표 1 고추의 학명에 따른 다양한 품종 및 매운맛 강도

이름	매운맛(SHU)	주생산지
Capsicum annuum		
헝가리안 왁스(헝가리 고추)	2,500~8,000	헝가리 (우리나라 고추와 매우 비슷함)
이탈리아 단고추(Italian pepper)	0	이탈리아(이탈리아 고추만 닮)
페퍼론치니(peperoncini)	100~500	이탈리아, 그리스(capsicum이 고대 그리스어로 고추를 나타냄)
할라피뇨(jalapeno)	2,500~10,000	멕시코, 텍사스
고추, 청양고추	600~2,000	한국, 만주(청양고추 10,000까지도 나옴)
카예네(cayenne)	30,000~50,000	중국, 인도 [소위 고문헌의 번초(番椒)일 가능성]
페퀸(pequin)	30,000~60,000	중국, 태국, 헝가리 일부 [고문헌에 나오는 앙천초(仰天椒)임]
천친(tientsin)	50,000~75,000	중국 사천초 고추 [고문헌의 천초(川椒)]
Capsicum baccatum		
아히(aji)	30,000~50,000	페루(이성우 교수가 우리나라에 들어온 고추라고 주장함)
피쿠안테(piquante)	1,000~2,000	남아프리카
Capsicum chinense		
아히돌체(aji dolce)	0	베네수엘라 등 남미, 스페인(콜럼버스가 가져 가서 심음)
다틸(datil)	100,000~300,000	미국
파탈리(fatalii)	125,000~325,000	중앙아프리카, 남아프리카
페퀸(pequin)	30,000~60,000	중국, 태국, 헝가리 일부 [고문헌에 나오는 앙천초(仰天椒)임]
하바네로(habanero)	100,000~350,000	중국, 멕시코
나가졸로키아(naga jolokia)	855,000~1,041,427	인도[소위 고문헌의 번초(番椒)라는 고추임]
Capsicum frutescens		
아프리카 버드아이 (african birdeye)	50,000~175,000	남아프리카
타바스코(tabasco)	30,000~50,000	멕시코, 미국, 중남미
태국고추(Thai hot)	75,000~150,000	동남아 [소위 고문헌의 남만초(南蠻椒)임]
Capsicum pubescens		
후쿠투(rocoto)	50,000~250,000	페루 등 중남미

SHU(Scoville Heat Unit)는 매운맛을 나타낸 것으로 SHU 600은 물로 600배 이상 희석하면 매운맛이 없어진다는 뜻임

없으면 발효되지 않고 부패가 된다는 사실을 우리 조상들은 이미 알고 이를 발전시킨 것이다.

우선 고문헌에서 우리나라 김치나 고추장에 대하여 기록한 것을 몇몇 소개한다. 우리말 김치와 한자 김치에 대하여 분명하게 나타나는 것은 훈몽자회(訓蒙字會)(그림 8)와 신증유합(新增類合)(유희춘(柳希春), 1576년)이다(그림 45). 우리말 '딤치'라고 부르는 김치가 있어서 한자 '菹(저, 조)'로 표기되는 것이다. 내훈(內訓)(소혜왕후(昭惠王后)(1475년)(그림 46)과 두시언해(杜詩諺解)(1481년)(그림 47), 어제내훈(御製內訓)(1736년)(그림 48)이나 언해두창집요(諺解痘瘡集要)(허준(許浚), 1608년)를 보면 어떤 경우는 김치를 우리말로 '디히'나 '팀치'로 부르고 있음을 알 수 있다. 오늘날 '지'와 '김치'와 하나도 차이가 없다.

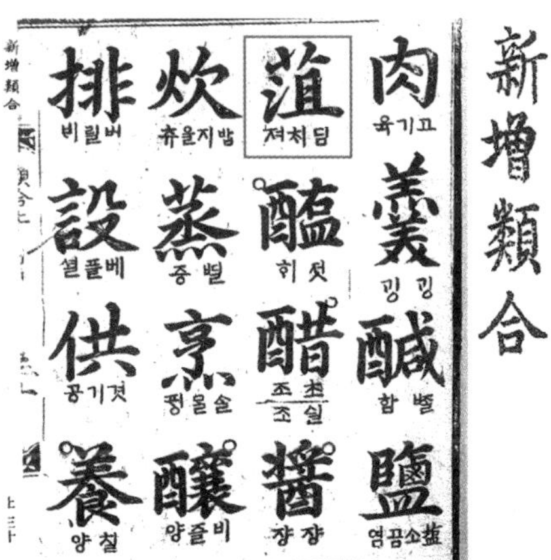

그림 45 유희춘의 신증유합(新增類合)(1576년)에서의 김치. 훈몽자회와 함께 우리말 김치와 한자 김치에 대한 기록이 있음

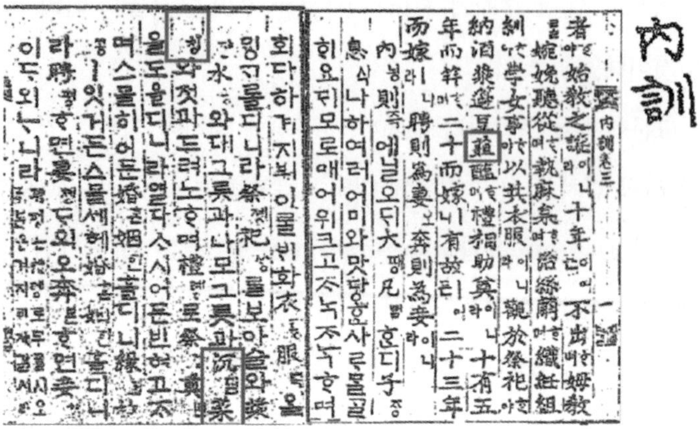

그림 46　소혜왕후의 내훈(內訓)(1475년)에는 김치를 팀치(沉菜)로 표기

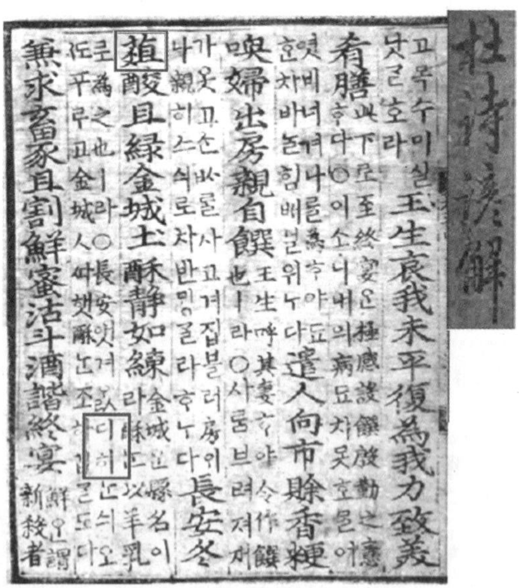

그림 47　두보의 두시를 언해한 언해(杜詩諺解)(1481년). 김치를 저(菹)와 디히로 기록하고 있음

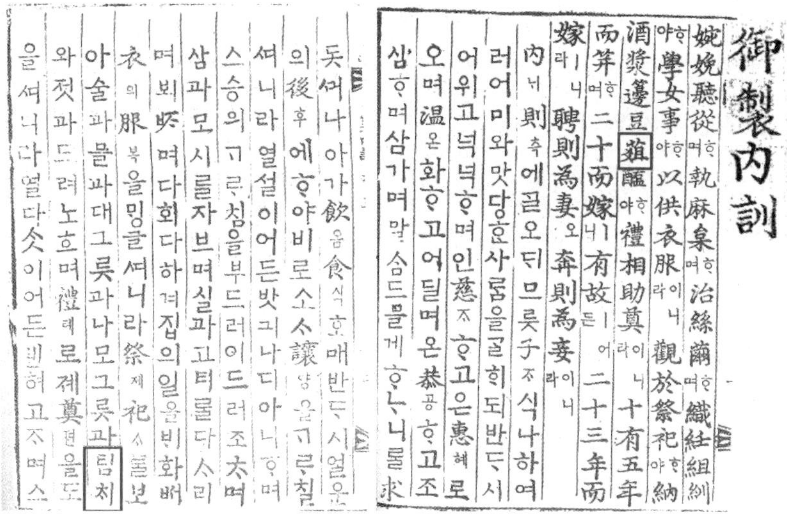

그림 48 성종의 어머니 소혜왕후가 지은 내훈을 다시 간행한 어제내훈(御製內訓)(1736)에서는 김치를 팀치로 기록하고 있음

식품으로 보면 고려 시대(918~1392)의 역사책인 해동역사(海東繹史)(한치윤, 1765~1814)에는 고려 시대의 곤포로 국을 끓일 때 생강, 귤피(橘皮), 고춧가루〔椒末〕 등을 넣어 간을 맞추어 끓이면 조밥이나 쌀밥과 먹기에 좋다고 하였다(그림 49). 조선 시대 어의 전순의(全循義)가 펴낸 식료찬요(食療纂要)(그림 7)에서 초(椒)와 고추장〔椒醬〕을 비위나 위가 더부룩할 때 고추장을 넣은 오늘날의 닭도리탕을 만들어 먹는 처방〔下椒醬伍味調和〕으로 썼으며, 또한 1478년 강희맹(姜希孟)의 속동문선(續東文選)에는 고추가 신초(辛椒)로 기록되어 있으며 고추랑 생강이랑 같이 양념으로 쓰임〔雜辛椒與桂薑〕을 알 수 있다. 지금 우리 음식과 다른 것이 하나도 없는 것을 알 수 있다. 후추는 우리 음식, 특히 양념을 만

들 때 생강, 마늘과 한 번도 같이 쓴 적이 없다. 후추는 식탁 위에서 비린내를 없앨 때와 같이 아주 조금 쓰는 것이다. 따라서 이런 문헌의 椒를 후추라고 주장하는 것은 맞지 않다.

또한 중종(1525) 때 김순몽(金順蒙) 등이 쓴 간이벽온방(簡易辟瘟方)에는 김칫국을 자주 마시는 것이 온역치료에 좋다고 기록되어 있으며 이때 김치를 '팀채' 라고 표기하고 있다. 이성우는 우리말 김치를 한자로 뜻을 살려 음차한 '沈菜(침채)'도 산림경제에서 처음 나온다고 주장하지만 오히려 그 훨씬 이전인 내

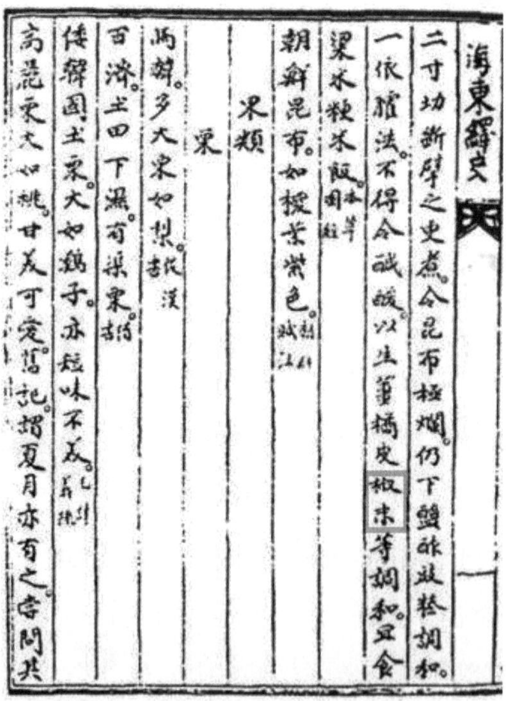
海東繹史

二寸切斷厚之更煮。令昆布極爛。仍下鹽酢豉糁調和。一依膾法。不得令鹹酸。以生薑橘皮椒末等調和。宜食粱米粳米飯。本草圖經

朝鮮昆布。如擘葉紫色。

果類

栗

馬韓。多大栗如梨。後漢書

百濟。土田下濕。有梁栗。

倭韓國。土栗。大如鷄子。亦短味不美。

高麗栗大如桃。甘美可愛。留記。謂夏月亦有之。嘗問其

그림 49 한치윤(韓致奫, 1765–1814)이 지은 고려의 역사를 기술한 해동역사(海東繹史)

훈(內訓)(그림 46)이나 어제내훈(御製內訓)(그림 47)에 沉菜(침채)로 먼저 나온다. 따라서 이성우의 주장인 고추가 임진왜란 때 들어와서 그 후에 김치가 생기고 침채(沈菜)라는 글자도 임진왜란 후인 산림경제에 처음 나온다는 주장과 김치의 어원도 침채(沈菜)라는 주장[4]은 크게 잘못된 것이다.

그 후 홍귀달(洪貴達, 1438~1504)이 지은 허백정집(虛白亭集)에서 "고추장 잘 담그는 농사가 1년의 농사수확을 가름한다/椒醬賽歲功"라고 하여 이미 오래 전부터 백성들이 정초(正初)에 고추장을 잘 담그는 것이 풍년을 예고하는 중요한 농경학적 문화적 행사였음을 보여 주고 있다(그림 34).

● 고추장을 나타내는 다른 한자

호초장(胡椒醬), 만초장(蠻椒醬): 앞서 고추를 호초(胡椒) 등 다른 말로 표기한 경우가 많다는 것을 지적하였다. 마찬가지로 고추장을 나타내는 한자어도 초장(椒醬), 또는 古椒醬(고초장)(도인경과내력(道人經過來歷), 1894년); 苦椒醬(고초장)(일성록(日省錄), 1786년; 의휘(宜彙), 금리산인(錦里散人), 1871년 추정) 이외에 호초장(胡椒醬)이라고 한 경우도 있다.

승정원일기에서는 고추장을 '苦椒醬'과 '古椒醬'로 혼용하여 기록하고 있으며 고추장을 '胡椒醬'으로도 기록하고 있는 경우도 많다(승정원일기(承政院日記) 1774년)[16,50]. 이와 같이 '苦椒醬'과 '胡椒醬'을 혼용하고 있는 것은 앞서 이야기한 대로 훈몽자회에서 '고쵸'를 '호쵸'와 비슷하게 발음하기 때문이고, 또한 고추를 胡椒(호초)로 표기하는 경우가 있기 때문이다. 즉 기록하는 사가(史家)에 따라 고추장을 椒醬, 古椒醬, 苦椒醬, 胡椒醬, 苦艸醬(고초장)으로 다르게 쓰고 있음을 알 수 있다. 정병설도 영조는 순창 조종부(趙宗溥, 1715년생) 집에서 담근 고추장을 좋아했고, 조종부는 미워도 그 집 고추장만은 도저히 미워할 수 없었다고 하며 호초장은 고추장이라고 이미 선언하였다[50].

농경학적으로 보면 고추가 임진왜란 때 들어왔다는 설이 얼마나 커다란 오류를 범하고 있는지 금방 알 수 있다. 조선 시대에는 후추 한 말이 말 한 필과 바꿀 정도로 비쌌다고 하는데, 이렇게 비싼 후추가 순창이라는 시골에서 몇 십 가마니를 쌓아두고 고추장을 만들어 먹었다고 보기는 어렵다. 유사 이래 순창에는 그 많은 후추를 확보할 수도 없을 뿐만 아니라, 순창에서 그 많은 후추를 갖고 있다면 왕이 귀한 후추로 고추장을 만드는 것을 허락도 하지 않았을 것이다. 후추로 고추장을 담다가 고추로 고추장을 담그니 체질에 맞아 흑고추장은 감쪽같이 사라졌다는 주장[3,14]은 성립되기 어렵다. 만일 그들의 주장이 옳다고 하여 초장(椒醬)이 산초, 호초, 천초로 담근 산초장(山椒醬), 호초장(胡椒醬), 천초장(川椒醬)이라면 이들의 기록이 보여야 하는데, 어느 곳에서도 보이지 않는다.

● 한국의 김치의 탄생과 발달

모든 식품기술과 문화의 탄생은 곡물이나 육류, 채소 등을 다음에 먹을 수 있도록 어떻게 저장하느냐와의 싸움이었다[58]. 우리나라 조상들은 몇몇 채소들을 고추와 마늘과 같은 양념으로 무치거나 버무려 만들어 두었더니 썩은 것 같은 냄새가 나는데 먹어도 아무 탈이 나지 않음을 알게 되었다. 또한 콩은 짚과 가까이 두거나 온돌 아래에 두었더니 마찬가지로 먹어도 탈이 나지 않았다. 중국의 삼국지위지동이전에 '우리나라[東夷]는 발효기술이 매우 발달한 나라이다.'라고 기록되어 있듯이 우리나라는 오랜 발효기술의 역사를 갖고 있다. 김치나 된장, 고추장이 없었다면 이러한 기록도 없었을 것이다. 따라서 우리나라 김치와 고추장도 수천 년의 역사를 걸쳐서 발전해 온 것임을 알 수 있다.

김치가 짠지와 장아찌의 후손이라고 하는 주장도 있는데[19], 이 주장도 성립될 수 없다. 절임식품은 미생물이 성장하여 부패를 막기 위하여 수분활성도(water activity, a_w)를 줄이는 방법으로 소금을 쓰거나, pH를 낮추어 미생물 성장을 억제하기 위하여 식초를 쓰는 것이다. 그러나 발효식품은 미생물을 자라지 못하게 하여 오래 저장하여 먹는 것이 아니라 다른 유용한 미생물의 성장을 도모하여 오랫동안 맛있게 먹는 것으로 근본적으로 다르다[58].

우리의 김치를 만드는 전통 발효기술이나 지혜는 중국 것이나 일본 것에 그냥 고추를 뿌리거나 넣는다고 해서 하루아침에 바로 생기는 그런 흔한 기술이 아니다. 우리 조상들만의 김치를 만드는 비법이 따로 있는 것이다. 옛날에는 오늘날과 같은 정보 교환이라든지 소통 수단이 거의 없었으므로 그 비법이 오로지 자손에게 이어져온 고유의 제조 비법으로 내려와 이어지고 있는 것이다. 그렇기 때문에 결구배추가 들어왔다고 몇 년 안에 무김치가 배추김치로 바뀌거나 싱건지[백김치]가 갑자기 고추가 들어왔다고 하여서 소위 빨간 김치로 바뀌는 일은 고대 식품기술발달사에서는 있을 수 없다. 마찬가지 원리로 우리나라에 우리 전통고추가 있었고, 우리고추를 통해서 김치나 고추장을 담글 때만 우리가 먹을 수 있는 것이다.

● 비빔밥

김치와 고추장이 우리 고추가 없으면 발견될 수 없듯이, 비빔밥과 닭도리탕, 떡볶이도 고추장이 없으면 발전할 수 없는 식품이다. 그런데 고추가 임진왜란 때 일본에서 들어왔다고 주장하는 이들은 고추를 이용한 대표적인 식품인 비빔밥, 떡볶이 등의 시작도 1960년대라고 주장한다[24]. 그 당시의 비빔밥은 고추장이 없는 단순 나물과 밥을 섞어 만든 흰 비빔밥이라고 주장하고 오늘날의 비빔밥은 나중에 고추가 들어온 뒤에 고추장이 만들어지고 고추장이 알려진 다음이라고 하며 김치와 같이 비빔밥의 역사도 똑같이 지금부터 100년이 안 될 것이라고 주장하는 것이다. 주영하 주장대로 비빔밥이 그냥 나물을 섞어 먹는 밥이라면 비빔밥이라고 부르지 않고 그냥 섞음밥이라고 하였을 것이다. 비빔밥은 숫가락으로 문질러서 비비는 동작이 없으면 비빔밥이라고 하지 않았을 것이다. 다시 말하면 비비는 매개체〔고추장〕이 없으면 비빌 수도 비빌 필요도 없는 것이다. 결국 고추장이 없었으면 비빔밥은 탄생할 수 없는 음식이다. 흑고추장, 백김치와 똑같은 이론이다. 그러면서 비빔밥의 기록이 나오는 1890년경의 시의전서(是議全書)에 처음 나온다고 한다[24].

그러나 현재까지 조선에서의 '부븨움밥'으로 부르던 비빔밥의 최초 기록은 16세기 말엽(1590?)의 박동량(朴東亮)의 기재잡기(寄齋雜記)의 역조구문(歷朝舊聞) 기록이다[59]. 기재잡기에는 '밥 한 그릇에 고기와 채소를 비벼 만든 비빔밥(混沌飯)과 술 한 잔에 잘 먹었다'는 글귀에 비빔밥을 여러 반찬을 섞은 의미의 혼돈반(混沌飯)으로 기록하고 있다(그림 50).

대부분 책에서 비빔밥을 골동반(骨董飯)으로 기록하고 있으나 옛날에는 혼

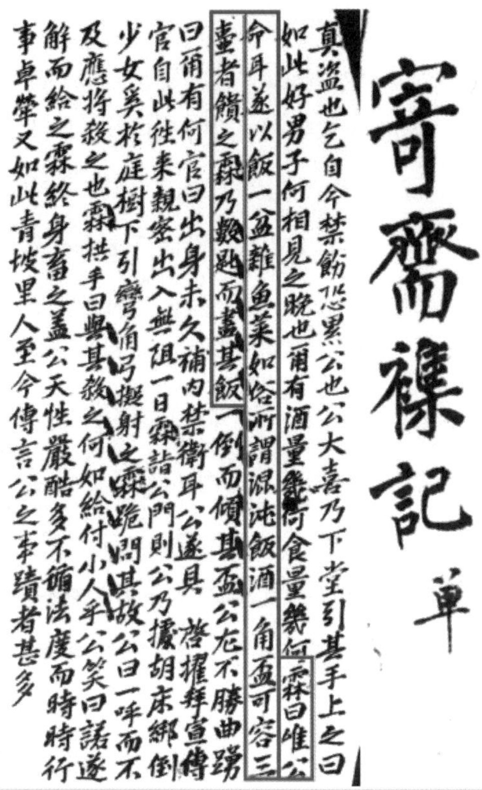

寄齋襍記 草

真盜也乞自今禁飭懲累公也公大喜乃下堂引其手上之曰
如此好男子何相見之晩也爾有酒量幾何食量幾何霖曰唯公
命耳遂以飯一盆雜魚菜如俗所謂混沌飯酒一角盃可容三
壺者饋之霖乃數匙而盡其飯一倒而傾其盃公左不勝曲踊
曰爾有何官曰出身未久補内禁衛耳公遂具 啓擢拜宣傳
官自此往来親密出入無阻一日霖詣公門則公乃據胡床綁倒
少女奚於庭樹下引彎角弓擬射之霖跪問其故公曰一呼而不
及應將殺之也霖拱手曰與其殺之何如給付小人乎公笑曰諾遂
解而給之霖終身畜之蓋公天性嚴酷多不循法度而時時行
事卓犖又如此青坡里人至今傳言公之事蹟者甚多

그림 50 박동량(朴東亮)의 기재잡기(寄齋雜記)의 역조구문(歷朝舊聞) 기록. 혼돈반(混沌飯)으로 기록된 비빔밥의 기록(1560)

돈반(混沌飯)의 기록이 꾸준히 많이 나온다. 19세기 초엽(1790-1830년대) 서유구(徐有榘)가 쓴 조선 시대 요리서의 일종인 옹희잡지(饔饎雜志)와 방대한 종합 생활과학 서적인 임원십육지(林園十六志)(서유구, 1835)에서도 비빔밥을 혼돈반으로 기록하고 있다. 백성들이 즐겨먹고 '부뷔움밥'으로 부르던 비빔밥의 기록은 16세기부터 혼돈반으로 기록되기 시작하여 골동반(骨董飯)으로 꾸준하게 기록되어 있다.

우리말 비빔밥의 한자 차용인 골동반(骨董飯)은 청대일기(淸臺日記)(권상일(權相一), 1724년) 등에 골동반(汨董飯)으로 기록되어 있다. 이때 골동반의 표현은 사람에 따라 두 가지 표현〔骨董飯, 汨董飯〕을 쓰고 있다. 우리말의 차용이므로 골동반의 한자 표기가 어떤 것이 맞고 틀리냐는 중요하지 않다. 이익(李瀷)의 성호선생문집(星湖先生文集)에도 비빔밥이 나온다. 동시에 이규경의 오주연문장전산고에서는 다양한 종류의 비빔밥에 대하여 기록하고 있다. 흥미로운 것은 여러 가지 비빔밥〔骨董飯〕을 설명하면서 채소, 콩나물, 생호박, 오이, 김, 새우, 게장, 회비빔밥 등과 같이 고추장으로 맛있게 만드는 법을 설명하고 있다. 또 오주연문장전산고의 행주음선변증설(行廚飮膳辨證說) 등 많은 기록에서 "고추장(椒醬)을 찍어 먹는다/或椒醬淡煮汁食之"의 기록이 보이므로 오래전부터 오늘날과 같이 우리 고기나 고추 등 음식을 고추장에 찍어 먹는 풍습도 있었음을 알 수 있다.

몇몇 일기를 보면 사회의 어지러운 현상이나 무질서를 혼돈반 같은 세상이라고도 많이 표현하고 있다(조선왕조실록 1783; 홍재전서(弘齋全書), 1799). 이렇게 비유적으로 표현될 만큼 비빔밥은 당시에 백성들이나 양반들이 즐겨 먹었던 음식임을 알 수 있으며 동시에 잘못 먹으면 배탈이 날 수 있다.

이렇게 비빔밥이 오래전 음식임에도 불구하고 대부분의 사람들은 고추 임진왜란 때 일본 도입설을 그대로 받아들이고 있다. 그리고 일반 사람들은 이를 또한 그냥 무비판적으로 받아들이는 것이다. 과학적 진실이라고 여겨졌던 것들도, 과학의 발전에 따라 많은 사실들이 입증되면서 잘못된 것으로 밝혀지는 경우가 많듯이, 고추의 전래와 그와 관련된 음식들도 많은 고문헌들을 해석, 분석할 수 있게 되면서 그 주장의 허구성이 밝혀진 것이다.

● 떡볶이와 닭도리탕

떡볶이도 고추의 임진왜란 도입설에 따라 고문헌에 나오는 떡볶이는 고추 없는 흰 떡볶이이며, 오늘날의 고춧가루가 들어간 떡볶이는 1960년대 신당동 마복림 할머니 때부터라고 주장하기도 한다[25].

모든 음식이 그러듯이 우리 국민이 즐겨 먹는 떡볶이는 한 사람이 하루아침에 개발한 음식이 아니다. 오래전부터 우리 조상들이 설이나 추석 등 명절에 해먹었던 가래떡(그림 51a)과 고추장이 있었기에 생겨나고 발전한 음식이다. 가래떡을 떡살(그림 51c)로 눌러 흰떡(칼로 자르는 절편 형태)(그림 51b)도 매우 즐겨 먹는 떡이다.

그러나 식품학적으로 보면 가래떡은 쌀로 만들기 때문에 쉽게 노화(老化, retrogradation)되어 딱딱하게 굳어 버린다. 물론 인절미, 시루떡과 같은 다른 떡

(a) (b) (c)

그림 51 가래떡(a), 흰떡(b), 떡살(c). 흰떡은 가래떡을 떡살로 눌러서 문양을 낸 다음에 썰어서 만든 떡임. 이 그림의 흰떡(b)은 떡살(c)로 누른 것이 아니라 기계로 누른 것으로 쑥을 넣은 것임

들은 굳어져도 먹을 수 있고 다시 쪄서 먹어도 되지만 가래떡은 너무 딱딱해서 그대로 먹기가 쉽지 않아서 우리 조상들은 이를 맛있게 먹는 방법을 자연스럽게 알아낸 것이다. 이렇게 하여 발견한 것이 떡국, 떡구이, 떡볶이다. 가래떡을 타원형으로 비스듬하게 썰어서 말린 다음 닭고기나 쇠고기를 넣어서 끓인 것이 설날에 즐겨 먹는 귀한 떡국이었고, 굳어진 가래떡이나 흰떡을 화로에 구어 먹기도 하고, 굳은 가래떡을 잘라서 고추장과 같이 볶아 먹었다. 고추장, 간장과 같은 아주 좋은 장을 갖고 있는 민족이라면 자연스럽게 고안해 먹을 수 있는 음식이다. 이렇게 떡볶이는 우리 조상들이 떡을 자연스럽게 호화(糊化, gelatinization)시켜 먹을 수 있는 방법을 알아낸 결과이다.

1890년대 시의전서 이전의 문헌인 규곤요람(閨閫要覽)(1800년대 중엽)에 '썩복기餠炙'라고 기록된 것으로 보아 백성들이 부르는 떡볶이를 한자로 병자(餠炙)로 표기하였던 것을 알 수 있다. 고문헌에 기록된 모든 병자(餠炙)가 떡볶이라고 주장할 수는 없지만 1743년경 겸암집(謙菴集)(유영민(柳永民))이나 1655년경의 문견별록(聞見別錄)(남용익(南龍翼))에도 병자라는 기록이 나오고 승정원일기(承政院日記)(1751년) 등에 자주 나오는 것으로 보아 오래전부터 우리 조상들이 자주 먹는 음식임이 틀림없다.

결론적으로 우리의 전통적인 떡볶이도 고추와 고추장이 있었기에 탄생할 수 있는 식품이었다. 떡볶이는 오래전부터 우리 조상들이 설이나 추석 등 명절에 해먹었던 가래떡과 고추장이 있었기에 탄생시킬 수 있는 음식이다. 닭도리탕도 마찬가지로 고추장이 없으면 탄생할 수 없는 음식이다. 닭은 100℃로 삶기만 하면 맛이 없어 잘 먹을 수 없다. 특히 닭가슴살은 더욱 맛이 없다. 우리나라 같은 나라는 튀김기름이 많지 않기 때문에 요즘 좋아하는 닭튀김(fried chicken)은 먹을 수 없었다. 따라서 닭을 오랫동안 끓인 다음 닭살을 찢어서 죽으로 만들어 나누어 먹기도 하고, 닭을 양념과 같이 찌어야 먹을 수 있게 된다. 닭을 도리쳐서 조각내어야 고추장과 같은 소스와 양념이 잘 스며들어 맛있게 된다. 이때 고추장과 같은 양념이 매우 중요하다. 닭도리탕에 대한 문헌을 보면 전순의의 식료찬요(1460년)(그림 7), 의방유취(醫方類聚)(1445년), 의림촬요(醫林撮要)(16세기 말)(그림 35), 향약집성방(鄕藥集成方)(1433년)(그림 33) 등의 수많은 문헌에 나오듯이 식치(食治) 개념으로 '비장과 위장이 약하여 몸이 허하여질 때 닭이나 꿩을 도리쳐서 고추장(椒醬)과 같이 삶아서 먹어라'라고 나온다. 즉 닭도리탕은 꿩도리탕과 함께 오래전부터 우리 민족이 먹어온 음식이다. 고추가 없는 일본에는 닭도리탕과 같이 고추장을 넣어 만든 닭고기 음식이 없다. 그럼에도 불구하고 오래된 역사를 가진 닭도리탕이 일본말이라고 하여 닭도리탕의 역사와 품위를 한낮 일제시대에 태어난 음식으로 전락시키고 말았다. 우리 음식의 이름을 짓는 것이 한자, 영어, 일본어를 배우고 아는 사람들의 몫이라고 생각하는 것은 배운 자의 교만이다.

생물학적으로 수천만 년 전에 고추가 있었던 것에 비하면 우리 문헌은 비록 천년 내외의 역사밖에 안 되지만, 여러 문헌 기록을 통해 고추, 고추장, 김치, 비빔밥 등의 역사가 거의 천 년 이상임을 알 수 있게 된 것이다.

5

고추의 문화 · 언어적 분석

1. 고추와 관련된 문화
2. 언어학적 분석
3. 고문헌 속의 고추장의 기능

우리나라에서는 오랜 전통으로 아들을 낳으면 새끼줄[금줄]에 고추를 꽂아 대문 앞에 걸어 놓아 알리는 풍습이 있었다. 이렇게 금줄을 치면 아무나 집에

그림 52 조상들이 장 담그는 독. 좋은 균(Bacillus)이 잘 들어가도록 짚으로 두르고, 나쁜 미생물이 못 자라게 하도록 고추를 넣거나, 나쁜 냄새를 탈취하도록 숯을 넣음

들어갈 수 없었다. 과연 이러한 풍습도 임진왜란 전에는 없었다가 갑자기 생긴 것일까? 또한 된장이나 고추장 담글 때 장이 잘 담가지도록 독 머리에 고추나 숯을 꽂은 새끼줄을 두른다던지 고추나 숯을 직접 넣는 풍습도 있었다(그림 52).

1. 고추와 관련된 문화

오늘날 과학의 발달로, 우리 조상들의 이러한 전통 지혜를 과학적으로 설명할 수 있게 되었지만 옛날에는 잡귀를 쫓아내고 부정을 타지 않게 하는 방법으로 이러한 풍습을 한 것이다. 실제로 숯은 나쁜 냄새를 없애고, 고추는 나쁜 미생물을 자라지 못하게 한다. 그러면 우리 조상들은 이러한 과학을 어떻게 알았을까? 조상들의 지혜는 수천 년의 역사 속에서 습득한 것이지 하루아침에 배운 것이 아니다.

문화라는 것은 짧은 시간에 쉽게 만들어지는 것이 아니다. 그렇기 때문에 쉽게 바뀌기도 어렵다. 고추가 문화적으로 많이 언급된다는 것은 그 만큼 오래된 역사가 있다는 이야기이다. 최근 들어 예전보다 문화가 쉽게 바뀌는 경향이 있는데, 이것은 급속한 정보화시대에 들어서면서부터였다.

생활 속에서 고추에 관한 문화와 관련된 수많은 기록이 있다. 황후나 왕비가 거처하는 방을 자손의 번성을 바라는 뜻으로 초궁(椒宮), 초방(椒房), 초금(椒禁), 초곤(椒壼), 초정(椒庭)이라고 하였는데, 당나라 때 백거이(白居易, 772~846)가 지은 장한가(長恨歌)의 서사시에 '초방'이 나오고, 한국의 동국이상국집에 '초궁'이, 이행(李荇)의 용재집(容齋集)에 '초금'이 나오는 등 수많은 문헌에 초(椒)가 들어간 내용들이 나온다. 여기서 고추는 우리나라 전통으로 아들을 낳았을 때 대문 밖에 고추 금줄을 치는 것과 같이 아들의 번성을 기원하는 것과 관련이 있을 것이다. 고추가 임진왜란 때 들어왔다면 그 전통도 그 후에 생긴 것이어야 하는데, 실상은 그렇지 않다. 그 후 변계량(卞季良, 1369~1430)의 춘정집(春亭集)에 고추〔有椒其馨〕가 나오며, 신증동국여지승람(新增東國輿地勝覽)(1530년) 청주목(淸州牧)에서도 "그 맛이 '초'같으면서 차고, 그 물에 목욕을 하면 병이 낫는다."고 초수(椒水)에 관한 기록이 있다. 심지어 지봉유설(芝峯類說)의 지리부(地理部))에도 "초수가 청주지방에 유명하고, 이를 나는 샘을 초정(椒井)이라고 하고 약수로 몸에 효험이 있다/椒井多有之. 有椒氣甚烈. 病人沐浴)"고 기록되어 있다. 이와 같은 기록을 과학적으로 보면 탄산이 물에 많이 녹아 있어 톡 쏘는 맛을 맵다고 하였을 것이며 동시에 향이 나면 초수〔탄산수〕라고 하고 있음을 알 수 있다.

조선왕조실록(朝鮮王朝實錄)(1399년)에는 정종이 고추가 많이 심어져 있는 냇가를 거닐었다는 '초천(椒川)'이 나온다. 우리나라에 고추를 이미 재배하고 있음을 알 수 있는 대목이다. 이와 같이 고추는 오래전부터 우리 조상들의 일상생활로 들어와 물이 맵고 사나워도 고추물〔椒水〕이라 하고, 동지섣달에 북풍한설 아주 사나운 바람을 고추바람〔苦椒風〕이라고 불렀다. 오주연문장전산고의 풍우명호변증설(風雨名號辨證說)/천지편)에서 보면 동지섣달 매운 북풍을 중국에서는 '羊角風(양각풍, 양의 뿌리에 받힌 것 같은 아픈 바람이라는 뜻)', 우리나라에서는 '苦椒風(고초풍, 고추와 같이 매운 북풍한설을 말함)'이라 한다고 기록되어 있다.

우리 조상들은 물과 바람뿐만 아니라 삶의 힘듦을 나타낼 때도 고추와 연결지어 표현하고 있다. 시집살이의 어려움을 고추의 매운맛에 비유하여 표현하고 있는 예도 있다.

> '시집살이 개집살이 앞밭에는 당추 심고 뒷밭에는 고추 심어 고추 당추 맵다 해도 시집살이 더 맵더라'와 같이 매운 시집살이 민요(경산지방)에서 시집살이의 혹독함을 표현하고 있으며, 고추의 소재가 고추장으로 바뀌어 매운 시집살이를 표현한 민요도 있다. '성아 성아 사촌성아 시집살이 어떻더노 고초장이 맵다캐도 시집살이 더 맵더라'(창원민요-시집살이), '성님성님 사촌성님 시집살이 엇떱디까 애야애야 말도마라 고추장단지가 맵다고 해도 시집살이만큼 매울소냐'
>
> 『한국민속대관』 중 「시집살이」 내용(http://www.krpia.co.kr)

우리나라 사람들이 얼마나 고추, 고추장과 오랫동안 가깝게 지내고 있음을 보여 준다. 이 밖에 서민의 삶을 잘 그린 여러 노래 가사에도 고추에 관한 것이 많이 나온다. 구강(具康, 1757~1832)이 쓴 기슈가(沂水歌)(1831)에서 '소천어 두어드룸 고쵸장의 돈회초라'의 표현이 나오며, 홍정유(洪鼎裕)의 동유가(東遊歌)(1862)에 '장육(醬肉)과 고초 장항(醬缸) 공부담(空負擔) 속에 넣어'라는 표현이 나온다. 또 조윤희(趙胤熙, 1854~1931)의 관동신곡(關東新曲)(1894)에서도 '달착지근 고초장은 너머쏘다 졈심요긔 다한후의'라는 표현이 나온다. 작자 연대 미상인 답농가(答弄歌)에서도 '고초장은 여시조부 논물이라'의 표현이 나온다. 이렇게 고추는 백성의 생활과 애환이 깃든 노래에 항상 등장한다. 이 외에 정학유(丁學游)가 우리말로 우리나라 농민들의 풍습을 노래한 농가월령가(農家月令歌)(1816)와 이기원(李基遠)이 쓴 농가월령(農家月令)(1809~1890)에서도 오래전부터 백성들이 고추장을 즐겨 먹었다는 기록이 나온다. 이는 고추장이 아주 오래전부터 있었고, 농민들이 농사를 지을 때 고추장을 즐겨 먹는 풍습이 있었음을 보여 주고 있다.

일반 백성들이 즐겨 불렀던 노래에 고추가 크게 묻어난 것뿐만 아니라 양반들이 즐겨 읊었던 시나 가사에도 고추가 나타난다. 고추는 양반들에게도 매우 익숙한 것이다. 여기서 눈여겨볼 것은 고추를 대부분 서민들은 '고쵸'라고 기록하고 있는데 양반들의 일부는 '호초(胡椒)'라고 기록하고 있음을 보여 주고 있다. 앞서 이야기하였듯이 고추장을 호초장으로 표현한 기록이 있는 것처럼 고추를 호초로 기록한 시나 가사(판소리 가사)도 많이 나온다.

조선 후기 실학자인 한치윤(韓致奫)이 지은 해동역사(海東繹史)에 나오는 최해(崔瀣)의 '연잎에 내리는 비'란 제목의 시를 살펴보자.

연잎에 내리는 비

최해(崔瀣)

팔백 섬의 胡椒를 쌓아 둔 것을 / 胡椒八百斛

천고토록 어리석다 비웃는데도 / 千古笑其愚

어찌하여 녹옥으로 됫박 만들어 / 如何綠玉斗

종일토록 명주알을 헤아리는가 / 竟日量明珠

매우 서정적인 시로, 여기서 호초 8백 섬(섬=斛)의 이야기가 나온다. 여기서 호초는 후추가 될 수 없으며 고추이다. 우리나라에서는 후추농사를 짓지도 않으며, 전국을 합쳐도 후추 800석을 쌓을 수 없기 때문이다. 최해는 고추를 초(椒)로 표시하고 있음을 알고 있었을 것이나 한자로 멋있게 고추를 호초로 기술하였을 것으로 보인다.

조선 시대 판소리 다섯 마당의 하나인 흥보가에서도 고추는 부의 상징으로 잘 묘사되어 있다. 그만큼 고추는 생활과 연관되어 있을 정도로 오랜 우리 역사와 함께하고 있다. 여기서 흥보가의 박타령에서도 '호초(胡椒)만 하여도 8천 석이지야'가 나온다. 이렇게 일부 양반들이 고추를 호초로 기록한 예는 매우 많다(그림 53).

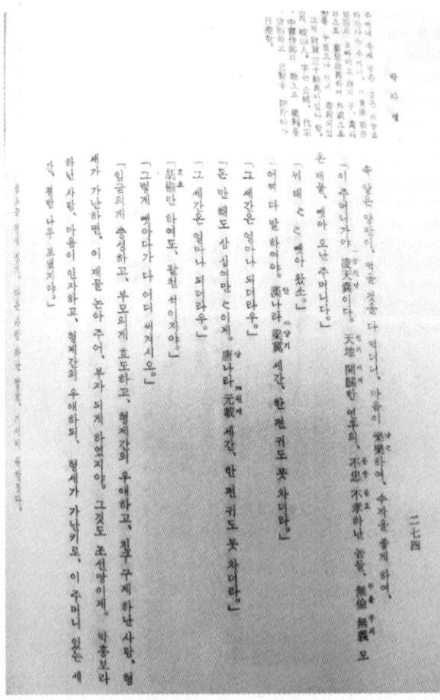
박타령
二七四
「이 주머니가야 讀天眞이다. 天地 開闢한 연후의, 不忠 不孝하난 놈들, 無倫 無義 모
온 재물, 뺏아 오난 주머니다.」
「뉘 때 ㄹ ㄹ 뺏아 왔소.」
「어찌 다 말하여야. 漢나라 梁冀 세간, 한 편 귀도 못 차더라.」
「그 세간은 얼마나 되더라우.」
「돈만 해도 삼 십여만 ㄹ이제. 唐나라 元載 세간, 한 편 귀도 못 차더라.」
「그 세간은 얼마나 되더라우.」
「胡椒만 하여도, 팔천 석이지야.」
「그렇게 뺏아다가 다 어디 써지시오.」
「임금의게 충성하고, 부모의게 효도하고, 형제간의 우애하고, 친구 구제하난 사람, 형
세가 가난하면, 이 재물 논아 주어, 부자 되게 하였지야. 그것도 조선땅이제. 박흥보라
하난 사람, 마음이 인자하고, 형제간의 우애하되, 형세가 가난키로, 이 주머니 있는 세
간, 평판 나무 보냈지야.」

그림 53 흥보가 판소리사설 박타령. 호초가 8천 석으로 나옴

또한 고추는 우리 농사와 식사, 서민의 생활과 뗄래야 뗄 수 없는 밀접한 관계를 유지하고 있다. 판소리의 가사뿐만 아니라 소설에도 고추장이 자주 등장한다. 작자미상의 소설 삼셜긔(1848년, 권3)의 노처녀가에도 '상치쌈을 먹을 제는 고초장이 제일이오 청국장을 담글 졔는 묷근 콩이 맛시 업ᄂᆡ'의 표현이 나온다. 앞서 오주연문장전산고에서와 같이 고추장을 쌈 싸먹을 때 많이 쓰이고 있다. 고추장이 임진왜란 전에 없었으면 절대 일어날 수 없는 모습이다.

이렇게 우리 삶은 고추와 매우 밀접한 관련이 있다. 과연 임진왜란 때 고추가 들어와서 우리의 삶에 문화적으로 녹아들어갈 수 있을까? 민요는 하루아침에 불리어진 것이 아니라 수백 년 동안 민초들에 의해 불러지고 전해진 것이다. 지금까지 알려진 것으로 보면, 연대가 알려진 민요는 대개 1800년대이지만 이보다 수백 년 전부터 고추나 고추장이 이용되고 있었음을 알 수 있다.

15세기 말의 문헌인 서거정(徐居正)의 사가집(四佳集)에 독에 김치 담는 풍습이 기록되어 있다. 역시 "항아리에 김치 담아라 색깔이 한창 노랗네/瓦甕鹽虀色政黃"라는 표현(그림 43)과 "김장을 삼백 개 이상 독에 하는 경우/虛消三百甕黃虀"가 있으며, 또한 옛날에도 항아리에 묵은 김치가 있었음을 보여 주는 표현인 "우리 집엔 한두 항아리 묵은 김치가 있어/吳家一兩甕鹽虀"이 있다. 수백-천년 전부터 우리 조상들은 겨울에 김장 김치를 담가 땅속에 보관하여 겨울을 났다. 이것을 어찌 100년 밖에 안되었다고 할 수 있을까? 문화적으로 겨울나기 위하여 김장을 하여 항아리 속에 담가 땅속에 묻어 저장하는 습관은 오래전 일이다. 법주사(553년) 경내의 석옹(그림 54a), 익산의 미륵사지(640년)에서 발견된 대형 김칫독(토기)(그림 54b) 등이 이를 증명하고 있다. 여태껏 확

(a) (b)

그림 54 (a) 법주사(553) 경내의 석옹, (b) 익산의 미륵사지(640년)에서 발견된 대형 김칫독(토기)

인을 할 수 없었지만 임진왜란 때 명나라의 이여송(李如松) 장군이 우리나라 김치를 먹어보고 맵다고 한 말이 여태까지 고추가 없었기 때문에 사실이 아니라고 치부해 버렸는데, 과연 하지 않은 말이 오늘날까지 전해져 내려올까? 그렇게 일방적으로 무시해 버려도 되는 것은 아니다.

고추는 음식 재료뿐 아니라 우리 생활과 살림살이 문화와도 연관이 깊다. 우리고추가 없으면 김치나 고추장이 탄생할 수 없었듯이 우리 음식이나 문화는 김치, 고추장이 없으면 발달할 수 없었을 것이다. 우리 할머니들은 대부분 할머니의 할머니로부터 대대로 배추김치를 담그는 것을 배워왔다. 그 과정 중에 김장이라는 문화 안에서 김치를 담그는 방식, 기술에 대하여 전해져 왔다. 고추의 역사를 바로 알 때, 김치를 비롯한 우리 식품의 역사까지도 바로 알 수 있는 것이다. 우리나라 김장문화는 2013년 유네스코 무형문화재로 등록되어 세계적으로 가치가 있는 문화이다.

2. 언어학적 분석

언어학적으로 보면 중남미 고추인 아히(aji)가 들어왔다면 토마토, 타바코(tabaco, 담배) 등과 같이 적어도 고추도 아히, 파프리카, 피망(piment)과 같은 유럽식 이름의 흔적이라도 있어야 하는데, 오히려 당초, 번초, 만초 등 순전히 중국식 이름이 왜 붙었을까 등 언어학적으로도 수많은 의문이 풀리지 않았다.

앞서 언급한 대로 우리말의 기원은 중국이 아니다. 중국의 기원은 아시아의 동남부에 기원을 두고 있는 한족이다. 반면 우리 민족의 기원은 아시아의 동북부에 기원을 두고 있는 우랄알타이 민족에 그 뿌리를 두고 있다. 우리 민족은 태어날 때 아기의 엉덩이에 푸른 반점, 즉 몽골 반점이 있다. 이를 유전학적으로 증명한 논문도 많이 발표되고 있다[60]. 따라서 우리말이 중국에서 올 확률은 거의 없다. 따라서 일부 우리나라 음식에 관한 기록이 한자로 먼저 나온다고 하여 김치, 고추, 비빔밥, 떡볶이 등의 어원이 그 기록된 한자라고 주장하는 것은 말의 어원이나 민족, 음식의 발달사적인 측면에서 전혀 맞지 않다.

따라서 여기에서는 우리 음식의 어원을 밝힐 수 있는 김치, 고추, 고추장, 떡볶이, 비빔밥, 닭도리탕 등의 어원에 대하여 훈몽자회나 옛날 문헌에 근거하여 어원을 밝히며, 또한 한자의 기록도 찾아 근거를 제시하고자 한다.

● 고추, 고추장 어원

사물을 나타내는 우리말은 고유의 우리말에 기원한 것이다. 물론 한자에서 유래된 말도 있지만, 기본적으로 우리말의 근원은 우랄알타이어인 우리말에 기원을 둔다. 따라서 우리말의 근원을 찾으려면 우랄알타이어를 연구해야 한다. 그러나 국어학자가 아닌 우리로서는 우랄알타이어를 찾아서 우리말의 근원을 찾기는 어렵고, 최초의 한글 문헌, 즉 훈몽자회 시점의 책을 근거로 고추, 김치, 고추장, 비빔밥, 닭도리탕의 근원을 유추해 볼 수는 있다.

한글을 창제하고 아이들에게 가르치기 위한 옥편인 최세진의 훈몽자회(그림 3)를 보면 감, 딸기, 고추, 고추장, 김치, 비비다와 비빔밥 등의 우리말이 오래전부터 있었음을 알 수 있다. 고추는 椒(고쵸)로 되어 있으므로, 고추의 어원은 우리말 '고쵸'임을 알 수 있다. 椒(쵸) 앞에 우리말 고쵸의 '고'에 맞는 한자를 골라 古(옛고)나 苦(쓸고)를 붙여 쓰다가 나중에 苦椒(고초)로 정착된 것으로 보인다[6]. 어떤 사람은 고쵸를 호쵸라고 부르기도 한다. 사실 한글을 모르면 고쵸와 호쵸의 발음을 정확히 구분하기 어렵다. 지금같이 한글이 보편되거나 표준말이 있었으면 고추를 고쵸로 통일하였겠지만 당시에는 고추를 호쵸라고 부르는 사람도 있었다는 것이다. 고쵸라는 말은 조선 시대 이전부터 많이 있었는데, 한글 글자로 훈몽자회뿐만 아니라 구급간이방, 유합에서 한글이 창제(음력으로 1443년 창제)되자마자 나온다. 그 이후에도 1763년 9월부터 11개월 동안 김인겸(金仁謙)이 일본의 문물제도와 인정, 풍속 등을 보고 경험하여 쓴 일동장유가(日東壯遊歌)(1763년)에서 '고쵸상토'라는 말이 나오며, 정학유(丁學游)의 농가월령가(農家月令歌)(1816년)에서 '빅셜 갓흔 면화송이 산호 갓흔 고쵸다릭' 등 '고쵸'라는 말이 많이 나온다.

그러면 '고쵸'가 어떻게 '고추'가 되었으며, 고추의 한자 표기가 어떻게 하여 초(椒)에서 고초(苦椒)로 되었을까?

고추(苦椒)라는 한자어는 임진왜란 직후 광해군-인조(1608~1659) 시기에 편찬된 것으로 추정되는 문헌인 사의경험방(1600년대 초)에 '苦椒(고초)'라는 한자어가 이미 나오며(그림 36), 서명응(1716~1787)의 보만제총서(保晩齋叢書)(1700년대)에서도 보인다. 고추의 동음인 또 다른 한자 표현인 고초(古椒)도 많이 나오고 있으며, 고초(苦椒)가 많이 쓰이기 시작한 20세기까지도 古椒(고초)라고 표기하는 사람도 있다(경상도각군둔역전답임인도도곡총수성책/慶尙道各郡屯驛田畓壬寅度賭穀摠數成冊), 1902~1903). 20세기 초만 해도 우리말이나 한자의 표준어가 없었기 때문에 우리말의 한자 표현으로서 고초(古椒)로 기록해도 하나도 이상하지 않았다.

이는 '고쵸'라는 우리말과 '椒(초)'라는 한자어를 두고 우리말 '고'의 소리를 살려 한자로의 조어 과정에서 '苦椒(고초)'와 '古椒(고초)'를 혼용해서 썼으며 나중에 '苦椒'로 굳어진 것이다.

이는 초장이 고추장으로 변해가는 과정과 똑같다. 苦椒醬[고추장]이라는 표현은 18세기 이후 영조실록(1768년, 8월)과 진연의궤(進宴儀軌)(숙종시대, 1719)에 나온다. 특이한 것은 앞서 언급한 승정원일기에서 고추장을 '苦椒醬(고초장)'과 '古椒醬(고초장)'으로 혼용하여 기록하고 있으며, 고추장을 '胡椒醬(호초장)'으로도 기록하고 있다. '苦椒醬'과 '古椒醬'을 혼용하고 있음은 우리말 고추의 한자 표현이 椒(초)에서 古椒(고초)를 걸쳐서 苦椒(고초)로 굳어져 가는 과정과 똑같다고 보면 된다. 즉 우리말 고추의 '고'를 살리기 위하여 椒(초) 앞에 한자로 古(옛고)나 苦(쓸고)를 붙여쓰기 시작하다가 苦椒로 굳어가는 과정이다. 즉 고추를 한자로 기록하기 위하여 쓰인 글자가 고초(苦椒)이다. 또한 기록하는 사가에 따라 고추장을 椒醬, 古椒醬, 苦椒醬, 胡椒醬으로 다르게 쓰고 있음을 알 수 있다.

그러면 우리말 '고쵸'가 어떻게 '고추'가 되었을까? 이는 매우 간단한 현상이다. '고쵸'가 단모음화되어서 '고초'로 되었다가 '초'로 끝나는 모든 것들이 '추'로 바뀌는 현상 때문에 '고초'도 '고추'로 바뀌었다. 대초가 대추, 단초가 단추, 상초가 상추 상치 등으로 바뀐 것이 대표적인 현상이다.

● 김치의 어원

훈몽자회((訓蒙字會)(그림 8)에서는 김치를 순우리말로 김치〔딤칙, 팀칙〕, 한자로는 저(菹)로 표기하였다. 당시에는 '딤칙'와 '팀칙' 중 표준어는 없었다. 1443년 한글이 만들어지고 난 이후에야 한글로 딤칙(훈몽자회), 신증유합(新增類合)(그림 45)와 팀칙(소학언해(小學諺解), 1586)(그림 55)를 정확하게 발음하고 쓸 수 있게 되었다. 이후 김치라는 말이 중국에 없으므로[61], 한글에 맞는 한자 표기법을

그림 55 소학언해(1586)의 팀칙와 저(菹) 기록

강구하게 되었는데, 정통성을 지키려는 사람들은 그 필요성에도 불구하고 끝까지 저(菹)로 표기하는 것을 고수하고 어떤 사람들은 우리말 소리와 뜻에 비슷하게 한자를 조어해서 표현하기 시작하였는데, 그것이 침채(沈菜)이다. 따라서 홍만선은 산림경제(山林經濟)(홍만선, 18세기 초)에서 '팀치'의 우리말 소리와 뜻에 비슷하게 '침채(沈菜)'라는 한자로 표기하였다[6].

한편 이성우는 '고추가 임진왜란 전에는 없었다'는 설에 맞추기 위해 그 전에 나오는 저(菹)는 김치가 아니고 침채(沈菜)만 김치라고 주장하였다[4, 18]. 또한 임진왜란 이후의 문헌인 산림경제에서 침채가 처음 나온다고 주장하였다. 그런데 임진왜란 훨씬 전인 성종(1475년) 때 궁중의 여성을 가르키기 위해 펴낸 책인 내훈(內訓)에 '沉菜딤채', '沈菜띰채'가 나온다(그림 46). 그리고 내훈을 보완한 책인 어제내훈(御製內訓)(1736)에도 저(菹)와 '팀채'가 나온다(그림 48). 사실 '沈菜'가 처음 나오는 자료는 고려 시대의 이색(李穡)의 목은집(牧隱集)(1328~1396)과 유순(柳洵)의 속동문선(續東文選)(1441~1517)이다[62]. 그런데 이성우는 이러한 사실도 모르고 산림경제가 처음이라 주장했다[28].

딤채가 김치로 변한 것은 박갑수 이론이 정확히 맞다[29]. 박갑수는 딤채 → 짐채 → 짐츼 → 짐치 → 김치라고 정확히 주장한다. 짐채와 짐츼가 짐치로 가는 자연스런 난보음화 현상이고, '딤채'가 '짐채'로 가는 현상은 우리나라 국문법에서 많이 나타나는 구개음화 현상이다. 간이벽온방에서는 김치를 팀채(그림 56)로, 그리고 박진희(朴震禧)의 두창경험방(痘瘡經驗方)(1663)에는 沈菜가 아닌 '菹'를 '짐채'라고 하였다(그림 57). 또한 최창열은 짐치가 김치로 가는 현상을 역구개음화[63]라고 하였는데, 언어학적으로 역구개음화라는 현상은 없고 정확

그림 56 간이벽온방(簡易辟瘟方)에는 沈菜가 아닌 '菹'를 '팀ᄎᆡ'라고 기록되어 있음

한 표현으로는 '부정회귀현상'이다[64,65]. 국어학자들은 역구개음화 현상은 우리나라 언어 변화에서는 나타날 수 없음을 몇몇 논문에서 김치를 가지고 이야기하고 있다[66,67].

문헌에 지금의 표준어인 '김치'가 나오는 것은 18세기 후엽의 정약용(丁若鏞)의 아학편(兒學編)에서 보이기 시작하며, '菹'를 '김치저'로 표기하고 있다(그림 58). 이는 18세기에 이미 '딤ᄎᆡ'가 '김치'로 변하기 시작하였다는 증거이다. 몇몇 문헌인 두시언해(杜詩諺解)(그림 47)과 두창경험방(痘瘡經驗方)(그림 57)에서는 '저'가 '디히'로 나오는데, 김치의 다른 표현인 지〔디히〕도 순순한 우리말이다. '菹디히'가 단모음화되어 '디'로 되었다가 구개음화 현상에 의하여 '지'로 된 것이다(디히 → 디 → 지)[29,67]. 아직도 시골(전라도)에서는 김치를 '지'라고 표

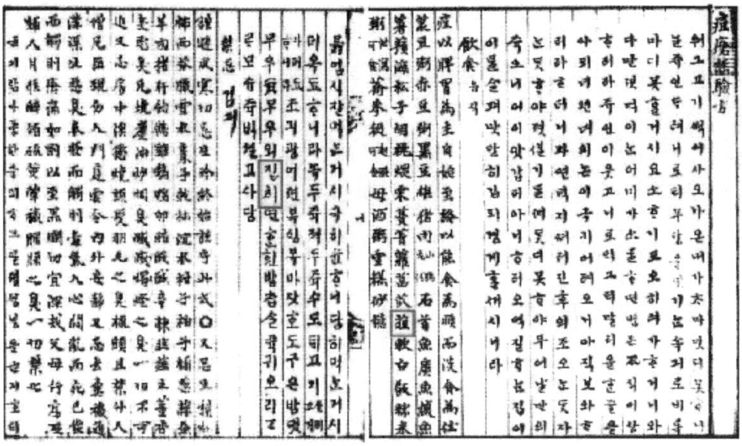

그림 57 박진희(朴震禧)의 두창경험방(痘瘡經驗方)(1663)에서는 '菹'를 짐치라고 기록하고 있음. '菹'를 디히라고도 기록하고 있음

그림 58 18세기 후엽의 정약용(丁若鏞)의 아학편(兒學編)에 처음으로 '菹'를 '김치저'로 표시한 기록이 보임

현하는 사람들이 많다.

장아찌와 짠지는 김치의 또 다른 표현인 '지(디히 菹)'를 접미어로 하여 발달한 우리나라의 김치를 일컫는 고유의 말이다. 장아찌는 '장(醬)'과 '디히(菹)'의 소유격 조사 사이시옷을 연결하여 만들어진 '장앳디히'를 거쳐서 '장에지'로 발전하여 장아찌로 일컬어지는 순수한 우리말이다[67]. 이것은 감, 무, 더덕, 마늘 등 고체 형태의 재료를 간장이나 된장, 고추장을 이용하여 그 속에서 숙성시켜서 만드는 것으로 오늘날에 우리 밥상에 밑반찬으로 많이 이용된다.

● 비빔밥의 어원

비빔밥도 똑같은 이치이다. 주영하는 비빔밥의 탄생이 20세기라고 하고, 시의전서(是議全書)에 '부븸밥 (汨董飯)'이 나온다고 하여 비빔밥의 어원을 한자 '汨董飯(골동반)'이라고 주장하였다[24]. 하지만 당시 한글을 업신여기던 옛날 양반들이 비빔밥을 한글로 쓸 수 없었기 때문에 골동반(汨董飯)이라고 단순히 표기했을 뿐이다. 이에 대한 근거를 살펴보면 다음과 같다.

비빔밥 먹고 탈이 난 사건이 나서 비빔밥의 기록 필요성에 따라 비빔밥의 뜻을 따서 혼돈반(混沌飯)으로 표기하였고(기재잡기, 1560)(그림 50), 부뷔움밥의 소리를 살리고 손을 이용한다는 뜻을 따라 한자로 표기하다 보니 부비반(捊批飯)으로 기록하기도 하였으나(명물기략(名物紀略), 19세기)(그림 59), 몇몇 사람들은 중국에 비슷한 음식의 이름, 여러 재료를 석어서 만든 국[汨董羹]의 이름을 따서 비슷하게 여러 재료를 섞어서 만든 밥이란 뜻으로 골동반(骨董飯)이라 표기하였다(오주연문장전산고). 이유원(李裕元)의 가오고략(嘉梧藁略)(19세기) 기록에는 비

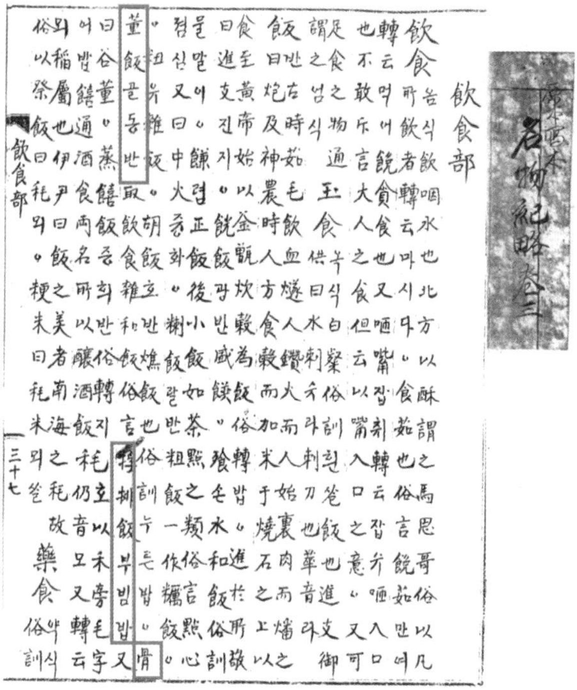

그림 59　명물기략(名物紀略)(19세기)의 부비반(捊批飯) 기록

빔밥을 골동반(骨董飯)이 아닌 골동반(滑銅盤)으로도 기록하고 있다. 또한 동국세시기(東國歲時記)(홍석모, 1849)에는 비빔밥을 골동지반(骨董之飯)으로 쓰기도 하고 중국식 표기인 반유반(盤遊飯)으로 표기하고 있다. 또한 고추장의 기록과 함께 1460년 식료찬요(食療纂要)와 의방유취(醫方類聚), 임원십육지(林園十六志)에노 고추장과 함께 먹을 수 있는 비빔밥 형태의 혼돈(餛飩)에 관한 기록도 많이 나온다. 이런 기록을 보면 비빔밥의 기원은 매우 오래되었다. 또 비빔밥은 우리말로 오로지 '부뷔움밥' 한 가지로 불리고 그 한자 표현만 사람에 따라 매우 다양

하게 기록하고 있다.

비빔밥의 한글 기록은 이성우가 주장한 시의전서보다 거의 100년 전의 책인 장혼(張混)의 몽유편(蒙喻篇)(1810)에 '브뷔음'밥의 기록에서이다(그림 60). 이 책에는 한글 '브뷔음'과 한자 '骨董飯'이 동시에 '브뷔음(骨董飯)'의 형태로 기록되어 있다. 1828년의 김지수(金芝授)의 무자서행록(戊子西行錄)(1828)에도 한글 '부뷔움밥'이 동시에 나온다. 이어서 홍정유(洪鼎裕)의 동유가(東遊歌)(1828)에 부뷔엄밥, 물명찬(物名纂)의 '부뷔엄밥', 사정일기(沙亭日記)의 '비빔밥' 등으로 한글 표현이 이어진다. 즉 오늘날의 비빔밥은 옛날에는 부뷔움밥에서 시작하여 부

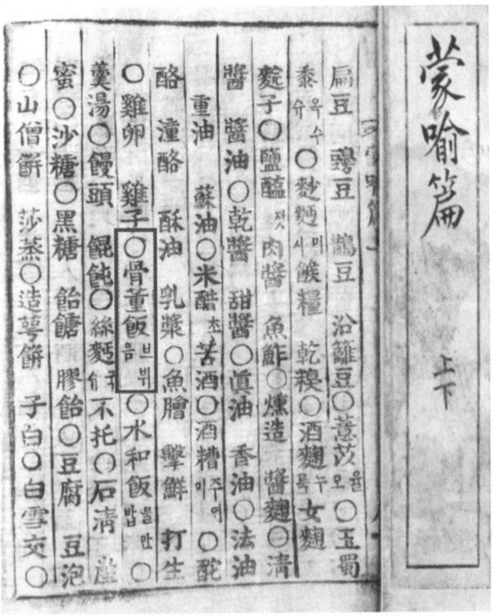

그림 60 장혼(張混)의 몽유편(蒙喻篇)(1810)의 '骨董飯 브뷔음'밥 기록

비음밥, 부뷔밥, 부븸밥, 부뷘밥, 부빔밥으로 다양하게 불리고 기록되다가 일제시대에는 부빔밥과 비빔밥으로 크게 두 가지로 쓰이다가 해방 후에는 비빔밥으로 통일되어 쓰였음을 알 수 있다. 당시에는 표준어가 없었기 때문에 이처럼 다양하게 기록되어 있는 것이다. 부뷔움, 부비음, 부뷤밥, 부븸밥 등이 단모음화 현상으로 부빔밥으로 바뀌고, 부빔밥이 일종의 모음역행동화현상으로 오늘날 비빔밥으로 바뀐 것이다. 한글이 창제된 시기의 글이 단모음화, 단자음화 현상은 매우 자연스런 현상이다. 또한 비빔밥에서 뒤의 뒤 '비' 글자의 모음 '이'가 앞에 '부'의 모음 '우'에 영향을 미치어 부가 비로 바뀌는 모음역행동화현상도 우리말에서는 자연스런 현상이다.

● 닭도리탕 어원

닭도리탕도 비빔밥과 같이 고추장이 없었으면 발생할 수 없는 우리나라의 대표식품이다. 닭도리탕이 일본어라는 이야기도 떠도는데, 이는 사실이 아니다. 비빔밥, 떡볶이와 같이 고추장이 있었기에 닭도리탕도 우리 조상들이 쉽게 고안해 먹을 수 있었던 우리 음식이다.

비빔밥에서 언급한 바와 같이 닭도리탕을 만들어 먹었던 우리 할머니들은 일본어도, 영어도, 한자도 모른다. 심지어 한글도 쓸 줄 모른다. 그들은 오직 우리말밖에 말할 줄 모른다. 닭도리탕은 오래전부터 조상들이 대대로 만들어 먹었던 음식이며, 그 이름도 자연스레 구전되어 내려온 것이다. 닭백숙, 닭곰탕, 삼계탕 등은 닭을 통째로 삶아 끓인 후 찢어 먹거나 발라 먹지만 닭도리탕은 닭을 도리쳐서 양념과 함께 만들어 먹는 탕이다. 우리 음식의 이름은 재료가 먼저 나오고 중간에 조리 과정이 나오며 나중에 일반적인 종류, 탕, 국, 밥, 찌개 등이 나오는 것이 상례이다[68]. 즉 일본어로 이름을 지을 필요도 없고 그냥 닭을 도리쳐서 만든 탕이기 때문에 닭도리탕이다[69](노컷뉴스 2016. 6. 1).

3. 고문헌 속의 고추장의 기능

고추장의 기능성은 기본적으로 고추 성분의 기능성에 의하여 나타난다고 볼 수 있다. 그러나 고추장, 청국장, 된장과 같은 발효 식품은 고추나 콩의 자체성분의 기능성도 중요하지만, 발효과정 중에 새로운 성분이 만들어지므로 오히려 이러한 발효과정 중에 생기는 발효대사물질에 관심을 많이 가져야 한다.

오늘날 고추의 기능은 매우 다양하게 알려져 있으며 계속해서 지속적으로 연구되고 있다. 매운맛의 대표 성분인 캡사이신은 위장 운동을 활성화시켜 소화액의 분비를 촉진하고 식욕을 증가시키지만, 에너지 대사와 관련된 교감신경을 활성화하여 지방 축적을 막아주기도 하는 다이어트 효과도 있다[70]. 이뿐만 아니라 매운맛은 혀에 통증을 주어 뇌에서 엔돌핀(endorphin) 분비를 도와 스트레스 해소에도 도움이 되는 것으로 알려져 있다.

고추장은 여러 기능성 물질을 함유한 콩으로 만든 메주와 찹쌀을 기본원료로 함으로써 항암기능성, 항동맥경화 등의 기능이 있으며, 고추장의 원료인 고추에는 매운 성분인 캡사이신이 있어 이것이 지방 세포를 분해해서 에너지로 사용하므로, 지방을 제거하는 항비만 효과가 있다고 알려져 있다[71,72].

고추의 캡사이신이나 발효대사물질은 항산화 항염증 작용 외에도 조직의 산화적 손상을 보호하고 종양 촉진을 억제하며 암세포 처리시 암세포의 자살을 유도하는 작용을 하는 것으로 알려져 있다. 또한 고춧가루에서 추출한 회분은 아플라톡신(aflatoxin B)의 돌연변이 효과를 저해하며, 고춧가루는 건위제로 피부를 자극하여 혈액순환을 돕는다고 한다. 고추장에는 자연에서 유래된 젖산균〔Lactobacillus〕 속 등의 미생물이 정장작용 효과를 발휘하며 고추의 매운 맛 성분인 캡사이신은 적당량 섭취 시 비위를 가라앉히고 안정감을 주기도 하며, 땀이 나도록 하여 노폐물의 배설을 촉진하는 역할이 있어 감기 등과 같은 각종 질병의 예방과 치료에 좋다는 연구 결과가 있다[72].

또한 전통의서를 중심으로 한 고추의 효능은 구토, 설사, 복통의 소화기 질환에 주로 사용되었으며, 담음을 원인으로 하는 정신 질환과 동통질환에도 효과가 있고, 외과 질환에는 고추를 외용하는 경우가 많았다고 발표된 바 있다[73]. 따라서 고문헌에 나타난 고추장의 효능을 구체적으로 살펴보는 것도 흥미로운 일이다[74,75].

고추장의 효능은 고문헌인 전통의서, 문집, 조리서 등에 나타나며, 이들 문헌에 나타난 고추장의 효능을 문헌의 연도순으로 정리하여 살펴보았다(부록 5. 문헌에 나오는 고추장의 효능).

위의 문헌들을 통해 본 고추장의 효능은 이질이 있거나 통증이 있을 때, 그리고 많이 먹지 못해 쇠약할 때, 변비가 있을 때에도 고추장을 먹으면 효과가 있었다. 또한 비장과 위장의 기가 약하거나 몸이 위축되고 마를 때에도 효과가 있으며, 콧물이 나거나 허리와 등뼈가 아프고 힘없는 증상이나 설사를 치료할 때에도 효과가 있다. 위나 식도의 질환으로 피를 토하거나 홍수나 조수로 인한 풍토병, 그리고 냉해와 기침에는 초고추장을 먹으면 효과가 있다. 특히 고추장은 입맛을 돋우게 하거나 원기를 보충하고 비위를 도와 음식을 먹을 수 있게 하며, 구토가 날 때에는 고추장물을 마시면 효과가 있다. 피부에 종기가 났을 때는 고추장을 떡처럼 만들어 붙이면 효과가 있고, 담이 결릴 때에는 고추장을 꿀에 타서 따듯하게 복용하면 효과가 있다. 이처럼 조선 시대에는 고추장을 이용하여 다양한 질환을 치료하였음을 알 수 있다(부록 5. 고문헌에 나오는 고추장의 효능).

증상별 고추장의 효험을 분석해 보면[74], 1) 이질, 설사가 날 때에는 붕어와 고추장을 이용해 죽 또는 찜을 만들어 공복에 먹거나 고추장물을 먹는다. 2) 통증이 있을 때는 붕어와 고추장을 이용해 죽을 만들어 공복에 먹는다. 3) 먹지 못해 쇠약하거나 몸이 마를 때에는 붕어나 누런 암탉 또는 수컷 닭고기와 고추장을 이용해 찜 또는 만두처럼 만들어 삶아서 공복에 먹는다. 4) 변비가 있을 때에는 돼지기름과 고추장을 이용해 관장을 한다. 5) 비장과 위장의 기가 약할 때에는 역시 누런 암탉, 수컷 닭고기, 붕어와 함께 고추장을 넣어 찜이나 만두처럼 삶아 공복에 먹는다. 6) 콧물이 나거나 허리와 등뼈가 아프고 힘이 없을 때에는 붕어와 고추장을 이용해 찜을 만들고 공복에 먹는다. 7) 입맛을 돋우거나 원기를 보충하고 비위를 돕는 데에는 고추장을 먹는 것이 효과가 있다. 8) 피를 토할 때 미꾸라지와 고추장물을 이용해 회로 만들어 먹는다. 9) 홍수나 조수로 인한 풍토병에도 미꾸라지와 고추장물로 회를 만들어 먹는다. 10) 냉해나 기침에는 우렁이와 고추장물을 이용해 회로 만들어 먹는다. 11) 구토가 날 때에는 고추장물을 먹는다. 12) 종기가 났을 때는 고추장을 떡처럼 만들어 붙인다. 이 풍습이 옛날에 상처가 났을 때 된장 바르는 풍습으로 이어지지 않았을까 생각된다. 13) 담이 결리는 경우 고추장과 꿀을 섞어 먹는다. 이러한 기록들을 보면 오늘날 과학적으로 이해되는 부분이 많다. 또 현대의 닭도리탕은 의방유취(1445년)나 의림촬요(16세기), 식료찬요(1460년)에서 만들어 먹었던 고추장을 이용한 닭고기 음식이 현재까지 전해 온 것으로 보인다.

위와 같이 고문헌에 나오는 고추장의 효능은 현대과학적인 측면에서 볼 때도 타당한 점이 매우 많다. 앞으로 조상들의 경험과 지혜에 대한 기록에 대하여 현대과학을 적용한 검증과학 측면에서 꾸준히 연구해야 할 것이다. 이를 통하여 우리나라 식품의 과학적인 근거가 확보됨으로써 우리 식품의 위상이나 가치가 꾸준히 확립될 것이다.

우리나라 식품 역사는 그렇게 짧은 것이 아니다. 그 문화도 오래 되었고 우리나라만이 갖고 있는 매우 독특한 문화이다. 그리고 그 독특성이 우리고추가 중남미 고추, 인도고추, 태국고추와 분명히 다르지 않으면 절대로 생길 수 없는 문화이다. 이것은 우리고추가 길게는 몇 백만 년 전부터 짧게는 몇 만 년 전부터 우리나라에 고유 품종으로 있었기 때문에 가능하였던 것이다.

참고 문헌

1. Tewksbury, J.J. and G.P. Nabhan(2001), Directed deterrence by capsaicin in chillies, Nature, 412, 403-404.
2. 배명희, 이성우(1984), 고추의 역사와 품질평가에 관한 연구, 한국생활과학연구, 1, 187-202.
3. 김상보(2006), 조선시대의 음식문화, 가람기획, 277-278.
4. 이성우(1991), 한국민족문화대백과사전, 한국학중앙연구원
5. 최남선(1943), 고사통(故事通), 삼중당
6. 권대영, 정경란, 양혜정, 장대자(2011), 고추이야기, 효일문화사, 서울
7. 이춘녕(1964), 이조농업기술사(李朝農業技術史), 사총 9, 고대사학회, 130-133.
8. 장지현(1989), 韓國傳來醱酵食品史研究, 수학사
9. 홍윤표(2008), 간장과 된장과 고추장의 어원, 쉼표마침표, 29, 국립국어원
10. 이성우(1979), 韓國の食べ物社會史, アジア공론, 8
11. 이성우(1990), 조미 향신료의 역사, 한국식생활문화학회지, 5, 373-379.
12. 쓰네야세이후쿠[恒屋盛復](1901), 朝鮮開化史, 東亞東文會, 일본
13. 이성우, 조준하(1984), 수문사설, 한국생활과학연구 2, 한양대학교한국생활과학연구소, 5-33.
14. 주영하(2000), 고추의 상징화 과정에 대한 일고(一考), 역사민속학 11, 한국역사민속학회, 331-357.
15. 한복진(2002), 우리나라 전통조리에서 고추의 활용, 동아시아식생활학회지, 12, 173-186.
16. 정경란(2014), 호초의 두 가지 의미, 고추와 후추. 한국콘텐츠학회지, 12, 31-43.

17. 이성우(1981), 韓國食經大典, 향문사
18. 주영하(1994), 김치 한국인의 먹거리, 김치문화 인류학, 공간
19. 주영하(1999), 김치: 장아찌와 짠지의 후손, 풀무원 뉴스레터, 69, 18.
20. Kang B.K., M.S. Cho, and D.S. Park(2017), Red pepper powder is a crucial factor that influences the ontogeny of Weissella cibaria during kimchi fermentation, Scientific Report, 6, 28232 | DOI: 10.1038.
21. Jang D.J., K.R. Chung, H.J. Yang, K.S. Kim, D.Y. Kwon(2015), Discussion for origin of kimchi, representative Korean unique fermented vegetables, J. Ethnic Foods, 2, 126-136.
22. 이철호, 안보선(1995), 김치에 관한 문헌적 고찰, 韓國食生活文化學會誌, 10, 311-319.
23. 주영하(2000), 음식전쟁과 문화전쟁, 사계절
24. 주영하(2010), 비빔밥의 진화와 담론, 사회와 역사, 87, 5-38.
25. 주영하(2013), 식탁위의 한국사, 휴머니스트
26. 정대성(2000), 朝鮮半島の食と酒, 솔, 191-221.
27. 구리타에이지[栗田英二](2009), 고쵸と호쵸, 동아인문학, 15, 257-275.
28. 이성우(1997), 한국식품문화사, 교문사
29. 박갑수(2007), 우리말 우리문화: 김칫국부터 마신다-김치-, 한글한자문화, 전국한자교육추진총연합회, 96, 36-37.
30. 김일권(2016), 조선후기 치농과 음식의 필용지식 전개로서 거가필용과 산림경제 지식지형 고찰, 농업사연구, 15, 19-48.
31. Kim S.G., N.Y. Ro, O.S. Hur, H.C. Ko, J.G. Gwag, and Y.C. Huh(2012), Evaluation of resistance to *Colletotrichum acutatum* in pepper genetic resources, Research Plant Disease, 18, 93-100.
32. Crick F.H.C. and J.D. Watson(1954), The complementary structure of deoxyribonucleic acid, Proceeding Royal Society A, 223, 80-96.
33. Sanger, F., S. Nicklen, and A.R. Coulson(1977), DNA sequencing with chain-terminating inhibitors, Proceeding National Academy Science, USA, 74, 5463-5467.

34. Sepkoski, J.J.(1979), A kinetic model of Phanerozoic tazanomic diversity. II. Early phanerozoic famimies and multiple equilibria, Paleobiology, 5, 222-251.

35. Ronquist F., S. Klopfstein, L. Vilhelmsen, S. Schulmeister, D.L.I. Murray and A.P. Rasnitsyn(2012), A total-evidence approach to dating with fossils, applied to the early radiation of the Hymenoptera, Systematic Biology, 61, 973-999.

36. Kim S., J. Park, S.I. Yeom, Y.M. Kim, E. Seo, et al. and D. Choi(2017), Multiple reference genome sequences of hot pepper reveal the massive evolution of plant disease resistance genes by retroduplication, Preprint Server, biorxiv (http://biorxiv.org/content/early/2017/03/09/115410).

37. Yang H.J., K.R. Chung, and D.Y. Kwon(2017). DNA sequence analysis tells the truth of the origin, propagation, and evolution of chilli (red pepper), J. Ethnic Foods, 4, 1-10.

38. Kim S., M. Park, S.I. Yeom, Y.M. Kim, J.M. Lee, et al. and D. Choi(2014). Genome sequence of the hot pepper provides insights into the evolution of pungency in Capsicum species, Nature Genetics, 46, 270-278.

39. Hong CP, S.J. Lee, J.Y. Park, P. Plaha, Y.S. Park, Y.K. Lee, et al. and Y.P. Lim(2004). Construction of a BAC library of Korean ginseng and initial analysis of BAC-end sequences. Molecular Genetics Genomics, 271, 709-16.

40. Qin C., C. Yu, Y. Shen, X. Fang, L. Chen, et al. and Z. Zhang(2014), Whole-genome sequencing of cultivated and wild peppers provides insights into Capsicum domestication and specialization, Proceeding National Academy Sceince, USA, 111, 5135-5140.

41. Fukuda, Y.(1933), Cytogenetical studies on the wild and cultivated Manchurian soybeans (Glycine, L), Japanese J. Botany, 6, 489-506.

42. 권신한(1985), 대두의 기원, 한국콩연구회지, 2, 4-8.

43. Hymowitz T(1970), On the domestification of the soybean, Economic Botany, 24, 408-421.

44. Bevan S, T. Quallo and D.A. Andersson(2014), TRPV1, Handbook Experimental Pharmacology, 222, 207-245.

45. Han P., A.V. Korepanova, M.H. Vos, R.B. Moreland, M.I. Chiu, and C.R. Faltynek, Quantification of TRPV1 protein levels in rat tissues to understand its physiological roles, J. Molecular Neuroscience, 50, 23-32.

46. Booonen B., J.B. Startek and K. Talavera(2017), Chemical activation of sensory TRP channels. Taste and Smell, edited by D. Krutwurst, Topics in Medicinal Chemistry, Springer, 23, 73-113.

47. Levey, DJ, J.J. Tewksbury, M.L. Cipollini, and T.A. Carlo(2006), A field test of the directed deterrence hyphothesis in two species of wild chilli, Oecologica, 150, 61-68.

48. Garcia, C.C., M.H.J. Barfuss, E.M. Sehr, G.E. Barboza, R. Samuel, E.A. Moscone and F. Ehrendorfer(2016), Phylogenetic relationships, diversification and expansion of chili peppers (Capsicum, Solanaceae), Annals Botany, doi: 118, 35-51.

49. Moscone, E.A. M.A. Scaldaferro, M. Grabiele, N.M. Cecchini, Y.S. García, and F. Ehrendorfer(2007). The evolution of chilli peppers (Capsicum- Solanaceae) : a Cytogenetic perspective, Acta Horticulture, 745, 137-170.

50. 정경란(2016), 초(椒)의 종류와 고초의 의미, 한국콘텐츠학회지, 14, 1021-1036.

51. 안대회, 이용철, 정병설외(2014), 18세기의 맛, 한국18세기학회, 문학동네

52. 사이토스스무〔齊藤進〕(1970), 食品原料學, 圖書株式會社, 日本

53. Kwon D.Y., H.J. Yang, K.R. Chung(2014), History of Korean gochu, gochujang, and kimchi, J. Ethnic Foods 2, 3-7.

54. 김종덕(2007), 배추 숭(菘)의 어원(語源) 연구, 사상체질의학회지, 19, 20-29.

55. 최학근(1990), 증보한국방언사전, 명문당, 11-28.

56. 강준식(2004), 다시 읽는 하멜표류기, 웅진닷컴, 212.

57. 한국식품과학회(2004), 식품과학기술대사전, 광일문화사

58. Kim, S.H., M.S. Kim, Y.E., Lee, Y.S. Park, et al and D.Y. Kwon(2016), Korean diet: Characteristics and historical background, J. Ethnic Foods, 3, 26-31.

59. Yang H.J., K.R. Chung, K.S. Kim and D.Y. Kwon(2015), Origin names of gochu,

kimchi, and bibimbap, J. Ethnic Foods, 2, 1-11.

60. Jin HJ, K.D. Kwak, M.F. Hammer, Y. Nakahori, T. Shinka, and W. Kim et al,(2003), Y-chromosomal DNA haplogroups and their implications for the dual origins of the Koreans, Human Genetics, 114, 27-35.

61. 윤석민(2006), 김치의 어원(語源)을 찾아서, 발효: 맛있는 잡지 2, 전주국제발효식품엑스포조직위원회, 42-45.

62. 조재선(2000), 김치의 연구, 유림문화사, 38.

63. 최창렬(1987), 아름다운 착각 속에 묻힌 어원들, 어학 14, 전북대학교 어학연구소, 1-18.

64. 이춘영(1990), 역사와 유래, 김치의 과학기술: 구영조, 최신양 편, 창조, 9-26.

65. 이춘영(2016), 김치의 역사와 유래, 지식마을

66. 정연식(2008), 김치의 제조법과 명칭 변화에 대한 재고찰, 인문논총, 서울여자대학교 인문과학연구소, 17, 93-110.

67. 이기문(1999), 딤치와 디히, 새국어생활 9, 국립국어원, 127-133.

68. 권대영, 이영은, 김명선, 김순희 외 8인(2017), 한식(K-diet)을 말하다: 역사, 문화 그리고 건강, 엘스비어 코리아

69. 권대영(2017), 식품산업 지속성장의 길, 식품외식정보, 176-182.

70. Kwon D.Y., Y.S. Kim, S.Y. Ryu, M.R. Cha, G.H. et al., and S. Park(2013), Capsiate improves glucose metabolism by improving insulin sensitivity better than capsaicin in diabetic rats, J. Nutritional Biochemistry, 24, 1078-1085.

71. 박건영(2004), 한국전통 콩발효식품의 건강 기능성, 인제식품과학 Forum 논총, 11, 1-49.

72. 한금수, 양혜정(2008), 순창 전통고추장의 제조와 우수성, 한맛한얼, 1, 12-16.

73. 오준호, 권오민, 박상영, 안상우(2012), 전통사회에서 외래종 작물인 고추의 효능 인식-한국 전통의서를 중심으로-, 한국식생활문화학회지, 27, 12-19.

74. 정경란(2016), 고문헌에 나오는 고추장의 효능, 한국콘텐츠학회지, 14, 55-62.

75. Kim S.H., K.R. Chung, H.J. Yang, and D.Y. Kwon(2016), Sunchang Kochujang (Korean red chili paste): The unfolding of authenticity, J. Ethnic Foods, 3, 201-208.

부록

부록 1 연구에 활용한 고문헌 색인과 그 소장처

문헌명 (현대어)	원문명	연대	저자명	소장처/출처	그림 (페이지)
가고오략	嘉藁梧略	19세기 후반	이유원(李裕元)	국립국악원	179
간이벽온방	簡易辟瘟方	1525년	김순몽(金順蒙)·유영정(劉永貞)·박세거(朴世擧)	고려대 도서관 만송문고, 가천박물관	그림 56 150, 175
거가필용	居家必用	13세기	미상	국립중앙도서관	103
겸암집	謙菴集	1743년	유운룡(柳雲龍)	규장각, 국립중앙도서관	158
고려사	高麗史	1451년	김종서(金宗瑞) · 정인지(鄭麟趾)	동아대학교 박물관	140
고려사절요	高麗史節要	1452년	김종서 등(金宗瑞 等)	규장각	52, 122
고사통	故事通	1943년	최남선(崔南善)	국립중앙도서관	그림 2 25
관동신곡	關東新曲	1894년	조윤희(趙胤熙)	국립중앙도서관	166
구급간이방	救急簡易方	1489년	윤호(尹壕)·임원준(任元濬)·허종(許琮) 등	한독의학박물관	그림 27 31, 98, 101, 143, 172
구급간이방언해	救急簡易方諺解	1489년	윤호(尹壕)·임원준(任元濬)·허종(許琮) 등	한독의학박물관	그림 27 104, 143
규곤요람	閨壼要覽	1896년	저자미상	연세대학교	47, 158
규합총서	규합춍셔	1809년	빙허각 이씨(憑虛閣李氏)	국립중앙도서관	103
기슈가	沂水歌	1876년	구강(具康)	한국학중앙연구 도서관	166
기재잡기	寄齋雜記	인조연간(1595–1749)	박동량(朴東亮)	국립중앙도서관	그림 50 46, 52, 54, 93, 154, 179
내각일력	內閣日曆	1779–1883년	규장각(奎章閣)	규장각	119

문헌명 (현대어)	원문명	연대	저자명	소장처/출처	그림 (페이지)
내훈	內訓	1475년	소혜왕후(昭惠王后)	국립중앙도서관	그림 46 147, 151, 175
농가월령	農家月令	조선 말기	이기원(李基遠)	한국학중앙연구원 도서관	167
농가월령가	農家月令歌	헌종시기(1834–1849)	정학유(丁學游)	한국학중앙연구원 도서관	135, 166, 172
다문헌일기	多聞院日記	1593년	소쿠욘쥰(釋英俊)	영인본	그림 5 29
다산시문집	茶山詩文集	1762년	정약용(丁若鏞)	한국고전번역원	125
답농가	答弄歌	미상	미상	국립중앙도서관	166
대주편년략	對州編年略	1723년	도사다후사(藤定房)	선문대학교	106
대화본초	大和本草	1709년	가이바라에키켄(貝原益軒)	국립중앙도서관	29, 106, 143
도문대작	屠門大嚼	1611년	허균(許筠)	국립중앙도서관 규장각	31, 111
도인경과내력	道人經過來歷	1894년	미상	동학농민혁명기념관	151
동국세시기	東國歲時記	1849년	홍석모(洪錫謨)	국립중앙도서관	54, 179
동국이상국집	東國李相國集	1241년	이규보(李奎報)	국립중앙도서관	96, 99, 124, 164
동도악부	東都樂府	1493년	김종직(金宗直)	영남대학교 도서관	100
동문선	東文選	1478년	서거정 등(徐居正 等)	국립중앙도서관	124
동유가	東遊歌	1862년	홍정유(洪鼎裕)	국립중앙도서관	166, 180
두시언해	杜詩諺解	1632년	의침(義砧) 등	세종대왕기념사업회	그림 47 147, 178
두창경험방	痘瘡經驗方	1663년	박진희(朴震禧)	김두종(개인소장)	그림 57 175, 178

문헌명 (현대어)	원문명	연대	저자명	소장처/출처	그림 (페이지)
만기요람	萬機要覽	1808년	서영보 · 심상규(徐榮輔 · 沈象奎)	국립중앙도서관	그림 44 96, 138
매월당집	梅月堂集	1435–1493년	김시습(金時習)	규장각	124
명물기략	名物紀略	19세기 후반	황필수(黃泌秀)	국립중앙도서관	그림 60 54, 179
목은집	牧隱集	1404년	이색(李穡)	국립중앙도서관	175
몽유편	蒙喩篇	1810년	장혼(張混)	장서각	54, 180
무자서행록	戊子西行錄	1828년	김지수(金芝叟)	서울대도서관	180
문견별록	聞見別錄	1628–1692년	남용익(南龍翼)	국립중앙도서관	158
묵재일기	默齋日記	1546년	이문건(李文健)	규장각	39
물류칭호	物類稱呼	1775년	코시가야히데마 (越谷秀眞)	국립중앙도서관	30, 106
물명찬	物名纂	1890년	유양천(柳暘川)	홍윤표(개인소장)	180
박통사언해	朴通事諺解	1766년	변섬(邊暹) · 박세화(朴世華) 등	영인본	142
번역박통사	飜譯朴通事	16세기(조선 중종 연간)	최세진(崔世珍)	국회도서관	142
보만재총서	1783년	1716–1787년	서명응 (徐命膺)	규장각	114, 173
본조세사담기	本朝世事談綺	1734년	키구오카센료우 (菊岡沾凉)	영인본	143
본초강목	本草綱目	1594년	이시진(李時珍)	국립중앙도서관	21, 86, 96, 141
북헌집	北軒集	1670년	김춘택(金春澤)	규장각 국립중앙도서관 연세대학교 도서관	그림 38 115
사가집	四佳集	1488년	서거정(徐居正)	한국고전번역원	97, 124, 169

문헌명 (현대어)	원문명	연대	저자명	소장처/출처	그림 (페이지)
사시찬요	四時纂要	996년	한악(韓鄂)	농촌진흥청(영인본)	그림 32 103, 109
사시찬요초	四時纂要抄	1482년	강희맹(姜希孟)	국립중앙도서관	103, 140
사의경험방	四醫經驗方	1600년대	이석간(李碩幹) 등	국립중앙도서관	그림 30, 그림 36 108, 113, 173
사정일기	沙亭日記	1894년	김영식(金永植)	국사편찬위원회	180
산가요록	山家要錄	1450년경	전순의(全循義)	한국식품연구원	94, 112
산림경제	山林經濟	1643–1715년	홍만선(洪萬選)	국립중앙도서관	그림 39 53, 93, 103, 122, 175
삼국사기	三國史記	1145년	김부식(金富軾) 등	성암고서박물관, 국립중앙도서관	그림 41, 그림 44 52, 121, 125, 138
삼국사기지리지	三國史記地理志	1145년	김부식(金富軾) 등	성암고서박물관	95
삼국지위지동이전	三國志 魏志東夷傳	280–289년	진수(陳壽)	국립중앙도서관	95, 153
삼설긔	三說記	1848년	미상	국립중앙도서관	169
성경통지	盛京通志	1748년	미상	국립중앙도서관	102
성종실록	成宗實錄	1483년	신승선(愼承善) 등	규장각	142
성형도설	成形圖說	1804년	시라오쿠니바시라 (白尾國柱)	영인본	45, 84, 106, 143
성호사설	星湖僿說	1681–1763년	이익(李瀷)	국립중앙도서관	99
성호선생문집	星湖先生文集	1774년	이병휴(李秉休) 등	규장각도서	156
소문사설	謏聞事說	1657–1724년	이시필(李時弼)	국립중앙도서관	그림 6 35, 41, 103, 115

문헌명 (현대어)	원문명	연대	저자명	소장처/출처	그림 (페이지)
소학언해	小學諺解	1587년	교정청	서울교육사료관	그림 55 175
속동문선	續東文選	1518년	신용개(申用漑), 김전(金詮), 남곤(南袞) 등	규장각 국립중앙도서관	149, 175
수운잡방	需雲雜方	1540년경	김유(金綏)	영인본	41, 44
승정원일기	承政院日記	1774년	승정원(承政院)	한국고전번역원	51, 117, 151, 158, 173
시경	詩經	BC551–479년	주희(朱熹)	국립중앙도서관	21, 94, 121
시의전서	是議全書	1890년대	저자미상	영인본	46, 154, 178
식료찬요	食療纂要	1460년	전순의(全循義)	한국식품연구원	그림 7 36, 39, 48, 52, 93, 112, 149, 159, 180
식산집	息山集	1644–1731년	이만부(李萬敷)	한국국학진흥원	그림 37 115
식의심감	食醫心鑑	850년	구단(昝段)	국립중앙도서관	그림 31 109
신증동국여지승람	新增東國輿地勝覽	1530년	이행(李荇), 홍언필(洪彦弼)	국립중앙도서관	165
신증유합	新增類合	1576년	유희춘(柳希春)	서울대도서관	그림 45 147, 174
아학편	兒學編	1908년	정약용(丁若鏞)	서울대도서관	178
어제내훈	御製內訓	1736년	소혜왕후(昭惠王后)	영인본	그림 48 147, 151, 175
언해두창집요	諺解痘瘡集要	1608년	허준(許浚)	규장각	147
연산군일기	燕山君日記	1509년	김감(金勘) 등	국립중앙도서관	141
연행일기	燕行日記	1712년	김창업(金昌業)	국립중앙도서관	44, 125

문헌명 (현대어)	원문명	연대	저자명	소장처/출처	그림 (페이지)
영조실록	英祖實錄	1724–1776년	영종실록청	규장각	173
오산설림초고	五山說林草藁	1556–1615년	차천로車天輅)	규장각	142
오주연문장전산고	五洲衍文長箋散稿	1788–1863년	이규경(李圭景)	규장각 장서각	그림 4 27, 51, 54, 88, 93, 99, 104, 120, 135, 141, 156, 165, 179
옹희잡지	饔饎雜志	1800년대 초	서유구(徐有榘)	규장각	155
왜훈간	倭訓栞	1830년	다니카와고토스가 (谷川士淸)	국립중앙도서관	30, 106
용재집	容齋集	1634년	이행(李荇)	국립중앙도서관	164
용재총화	慵齋叢話	1525년	성현(成俔)	국립중앙도서관	124
원행을묘정리의궤	園幸乙卯整理儀軌	1797년	정조(正祖)	규장각, 장서각 국립중앙도서관	119
유합	類合	16세기	미상	규장각, 국립중앙도서관	26, 97, 172
음식디미방	閨壼是議方	1670년	안동장씨	경북대학교	44, 51, 103, 128, 135
의림촬요	醫林撮要續集	16–17세기	양예수(楊禮壽)	한국한의학연구원	그림 35 39, 54, 113, 159
의방유취	醫方類聚	1445년	집현전	한국학중앙연구원 장서각	39, 111, 159, 180
의휘	宜彙	1871년	금리산인(錦里散人)	서울대학교 약학대학 도서관	151
일동장유가	日東壯遊歌	1764년	김인겸(金仁謙)	국립중앙도서관	172
일성록	日省錄	1752–1910년	규장각(奎章閣)	규장각	119, 151
임원십육지	林園十六志	1835년경	서유구(徐有榘)	규장각	54, 122, 155, 180

문헌명 (현대어)	원문명	연대	저자명	소장처/출처	그림 (페이지)
장한가	長恨歌	772–846년	백거이(白居易)	국립중앙도서관	164
정유각집	貞蕤閣集	1750–1805년	박제가(朴齊家)	국사편찬위원회	107
점필재집	佔畢齋集	1493년	김종직(金宗直)	규장각	그림 28 22, 100, 122, 124
제민요술	齊民要術	6세기 전반	가사협(賈思勰)	연변대학교	86, 103, 140
조선왕조실록	朝鮮王朝實錄	태조–철종	편수관	규장각	36, 97, 122, 156, 165
증보산림경제	增補山林經濟	1766년	류중림(柳重臨)	규장각 국립중앙도서관	그림 39 36, 41, 93, 103, 117, 122, 135
지봉유설	芝峰類說	1614년	이수광(李睟光)	한국고전번역원	그림 1 21, 51, 93, 165
진연의궤	進宴儀軌	1827년	저자미상	규장각	173
청대일기	淸臺日記	1679–1759년	권상일(權相一)	국사편찬위원회	46, 156
청성잡기	靑城雜記	1964년	성대중(成大中)	이병도(개인소장)	122
청장관전서	靑莊館全書	1741–1793년	이덕무(李德懋)	규장각	106, 125
초목육부경종법	草木六部耕種法	1892년	사토노부히로(佐藤信淵)	국립중앙도서관	30
춘정집	春亭集	1369–1430년	변계량(卞季良)	규장각 국립중앙도서관	165
파한집	破閑集	1260년	이인로(李仁老)	규장각	141
표해록	漂海錄	1488년	최부(崔溥)	국립중앙도서관	97, 108, 141
해동역사	海東繹史	1765–1814년	한치윤(韓致奫)	국립중앙도서관	그림 49 140, 149, 167
해동잡록	海東雜錄	1670년	권별(權鼈)	백승재(百承齋)	125

문헌명 (현대어)	원문명	연대	저자명	소장처/출처	그림 (페이지)
해동죽지	海東竹枝	1925년	최영년(崔永年)	규장각 국립중앙도서관	128
향약집성방	鄕藥集成方	1433년	유효통(俞孝通),노중례(盧重禮),박윤덕(朴允德)	한독의약박물관 서울대학교 규장각	그림 33 36, 110, 159
허백정집	許伯政集	1438-1504년	홍귀달(洪貴達)	국립중앙도서관	그림 34 112, 151
홍재전서	弘齋全書	1799년	규장각	서울역사박물관	86, 156
화한삼재도회	和漢三才圖會	1712년	데라시마 료안(寺島良安)	영인본	29, 106
훈몽자회	訓蒙字會	1527년	최세진(崔世珍)	서울대학교 규장각 성균관대학교 도서관	그림 3, 그림 8 그림 9, 그림 40 26, 31, 45, 49, 53, 93, 96, 104, 124, 128, 147, 172, 174
흥보가(전)	興甫歌(傳)	미상	미상	국립국악원	

부록 2 고추 관련 문헌 기록(요약)

	시기	저자	원문	내용	핵심단어	비고
시경 (詩經)	BC 551–479년		椒聊之實 蕃衍盈升 彼其之子 碩大無朋椒聊且 遠條且	고추의 열매여 번성하여 한 되에 가득차도다 저 그 사람이여 석대(碩大)[큼]하여 짝할 이가 없도다 고추여 가지가 멀리 뻗었도다.	椒	중국문헌
삼국지위지동이전 (三國志魏志東夷傳)	233–297년	진수 (陳壽)	有姜, 桔, 椒, 蘘荷, 不知以為滋味	생강, 귤, 고추, 양하가 있지만 맛이 있는 줄을 모른다.	椒	한국에 고추가 있었음을 의미
삼국사기 (三國史記) 지리지 4 고구려	BC 37–서기 668년 (고구려 시기)	김부식 (金富軾)	過浿江口椒島, 得新羅西北	패강 어귀 초도를 지나면 신라 서북쪽이 된다.	椒島	만기요람에 초도는 고추가 생산되는 지명이라고 함
해동역사 (海東歷史)	618– 907년 (당나라 시기)	한치윤 (韓致奫)	豊川之椒島皆爲往來之門戶	풍천(豊川)의 초도(椒島)가 모두 중국과 왕래하는 문호였고	椒島	해동역사는 조선후기 저술이나 초도부분은 당나라 시기를 기록함
장한가 (長恨歌)	772–846년	백거이 (白居易)	椒房阿感靑娥老	초방 아감들의 아리땁던 모습도 이젠 늙었구나(초방; 황후의 궁전, 아감; 女官의 감리를 맡은 여자)	椒房	중국문헌
식의심감 (食醫心鑑)	850년	잠은 (昝殷)	烏雌雞 一隻 右治如法煮令極熟細擘以豉汁葱薑椒醬作羹食之	검은 암닭을 푹 삶아서 잘게 손으로 찢은 다음 메주즙(된장물), 파, 생강, 고추장을 넣어 국을 끓여 먹는다.	椒醬	중국문헌
고려사 (高麗史)	1073년		元興鎭都部署軍將率戰艦數十艘出椒島與戰斬十二級奪俘	원흥진(元興鎭–함남 정평) 도부서 장병들이 전함 수십 척을 동원하여 초도(椒島)로 나가서 그들과 교전하여	椒島	
동국이상국집 (東國李相國集)	1168–1241년	이규보 (李奎報)	倒了椒觴霞上臉	초주(椒酒) 한 잔에 뺨 위에 이는 노을	椒	
			椒宮正位。宜求窈窕之賢	초궁(椒宮)의 자리를 올바로 정하려면 요조(窈窕)한 어진이를 구해야 할 것인데	椒宮	고추가 많이 열림. 자손의 번성을 바라는 뜻
춘정집 (春亭集)	1369–1430년	변계량 (卞季良)	有椒其馨	고추는 향기를 풍기도다.	椒	
조선왕조실록 (朝鮮王朝實錄)			駐椒川邊	초천가에 머물러서 기다리니		

	시기	저자	원문	내용	핵심단어	비고
동도악부(東都樂府)「양산가(陽山歌)」	1431-1492년	김종직(金宗直)	千秋爲鬼雄 相與欲椒漿	천추의 죽은 영웅이 되어서 함께 제삿술(椒漿)을 마시는구나	椒漿	
향약집성방(鄕藥集成方)	1433년	권채(權採)·유효통(俞孝通)·노중례(盧重禮)·박윤덕(朴允德) 등	[鯽魚粥]治胃腹虛冷赤白下痢 鯽魚四兩切作膾 粳米二合○右以米和膾作粥入鹽椒葱白隨性食之	[붕어죽]위(胃)가 허약하고 찬 증상과 적백리(赤白痢)를 치료한다.....쌀을 회와 섞어 죽을 쑤되 소금과 고추와 총백(葱白)을 넣고 성질에 따라 먹는다.	椒	
			鯽魚肉七兩 靑粱米四合 橘皮末一分 右相和煮作粥下五味椒醬葱調和空心	(붕어죽처방)은 붕어 고기 7냥, 청량미(생동찹쌀) 4홉, 귤피가루 1푼 우측의 것(세가지)을 서로 섞어 삶아 죽을 만들고, 뒤에 오미고추장, 파를 조미(調味)한다. 공복에(먹는다).	椒醬	
			[千金方]治大便祕塞不通椒豉湯五升和猪膏三合灌之佳又無灰濃酒半升鹽三錢鍊成如上法	[천금방]대변이 막혀서 나오지 않는 것을 치료하는 신통한 처방 초시탕(椒豉湯) 5되와 돼지기름 3홉을 부어주면 좋다. 또 탄산이 없는 진한 술 반 되와 소금 3전을 (더하여) 위의 방법과 같이 녹여 주면 된다.	椒豉	
허백정집(虛白亭集)	1438년	홍귀달(洪貴達)	椒醬賽歲功	고추장은 1년 농사 수확을 가름한다.	椒醬	
의방유취(醫方類聚)	1445년(세종 27)	한계희(韓繼喜), 임원준(任元濬), 권찬(權讚)	黃雌鷄餛飩方: 治老人脾胃氣弱, 不多食, 痿瘦. 黃雌鷄肉五兩白麪七兩葱白二合, 切細 右以切肉作餛飩, 下椒醬五味調和, 煮熟, 空心食之	황자계혼돈방: 노인의 비장과 위장의 기가 약한 것, 음식을 잘 먹지 못하는 것, 위수(痿瘦: 몸이 위축되고 마름)를 다스린다. 황자계 고기 5냥, 밀가루 7냥, 대파 잘게 썬 것 2홉, 위의 것으로 고기를 썰어 혼돈을 만들어서 초장에 담가 5미를 조화시키고 불로 쪄서 공복에 먹는다.	椒醬	

	시기	저자	원문	내용	핵심단어	비고
의방유취 (醫方類聚)	1445년 (세종 27)	한계희 (韓繼喜), 임원준 (任元濬), 권찬(權讚)	治大便祕塞不通神方: 猪羊膽無在, 以筒灌三合許, 令深入卽出矣. 出不盡, 須臾更灌.一方加冬葵子汁和之亦妙. 又椒豉湯五升, 和猪膏三合灌之佳, 臨時易可得, 卽用之. 又煎蜜成煎, 如人指大, 深內穀道, 佳又 備急千金要方同. 上海本作"又佳". 無灰濃酒半升, 鹽三錢匕, 鍊成如一法	대변이 막혀서 나오지 않는 것을 치료하는 신통한 처방: 돼지나 양의 쓸개즙을 대롱으로 3홉쯤 灌腸하여 깊이 들어가게 하면 곧 나온다. 다 나오지 않으면 잠시 뒤에 다시 관장한다. 一方에는 동규자의 즙을 섞어도 신통하다. 또한 초시 닷 되를 끓여 돼지기름 3홉을 섞어 관장하면 좋은데, 임시로 쉽게 구할 수 있으면 사용한다. 또한 꿀을 졸여 煎을 만들되 사람 손가락 크기와 같게 하여 穀道(대장과 항문)에 깊이 넣으면 역시 좋다. (《비급천금요방》도 내용이 같음. 상해본에는 "又佳"로 되어 있음.-원주) 진한 無灰酒 반 되, 소금 3전비를 위의 방법과 같이 鍊成한다.	椒豉	
식료찬요 (食療纂要)	1460년 (세조 6년)	전순의 (全循義)	治脾胃氣弱不多食痿瘦 黃雄鷄肉五两白麪七两葱白細切二合切肉作餛飩下椒醬五味調和煮熟空心食之日一服益藏府悅顔色健脾胃	비장과 위장의 氣가 허약할 때: 누런 수컷 닭고기(중략) …… 고추장에 넣어, 오미(五味)가 조화되도록 잘 삶아서 공복에 먹는다 …… 생략	椒醬	의방유취, 향약집성방과 비슷 (黃雄鷄)
			'着橘皮椒葱鹽醬	귤피, 고추, 파, 소금, 장을 넣어	椒	
속동문선 (續東文選)	1478년	강희맹 (姜希孟)	雜辛椒與桂薑	고추랑 생강이랑 골고루 섞어	辛椒	
용재집 (容齋集)	1478–1534년	이행 (李荇)	離椒禁之邃嚴	그윽하고 엄숙한 초금을 떠나다.	椒禁	초금(椒禁): 왕후의 궁전
사시찬요초 (四時纂要抄)	1482–1483년	강희맹 (姜希孟)	取椒實	고추를 거두어들이다.	椒實	
양곡집 (陽谷集)	1486–1562년	소세양 (蘇世讓)	謝僧行岑送庸學及椒實	승려 행잠이 〈중용〉〈대학〉 및 고추를 보내 준 것에 대해 사례하다.		椒實

	시기	저자	원문	내용	핵심단어	비고
구급간이방(救急簡易方)	1489년	윤호(尹壕) 임원준(任元濬) 등	椒 고쵸		고쵸 椒	
훈몽자회(訓蒙字會)	1527년 (중종 22)	최세진(崔世珍)	고쵸 쵸 椒		고쵸 椒	
신증동국여지승람(新增東國輿地勝覽)	1530년	이행(李荇), 홍언필(洪彦弼)	椒水在州東三十九里其味如椒而冷浴則已疾	초수(椒水) 고을 동쪽 39리에 있는데, 그 맛이 '고추' 같으면서 차고, 그 물에 목욕을 하면 병이 낫는다.	椒水	
다문원일기(多聞院日記)	1593년	소쿠욘쥰(釋英俊)	コセウノタ子尊識房ヨリ來, 茄子タ子フエル時分ニ植トアル間今日植了, 茄子種ノ樣ニ少ク平キ也, 惣ノ皮アカキ袋也, 其内ニタ子數多在之, 赤皮ノカラサ消肝子, コセウノ味ニテモ無之辛事無類	こしょう(고추)의 씨를 尊識房으로부터 받아 왔다. 가지씨를 심는 시기에 심는다고 하니까 오늘 심었다. 가지씨같이 약간 넓적하다. 그 껍질은 붉은 자루이다. 그 안에 씨가 많이 있다. 붉은 껍질의 매운 맛에는 입안에 불이 났다. こしょう의 맛도 아니고 매운맛은 비할 데가 없다.	コセウ	일본문헌으로 일본에서 고추가 처음 등장하고, 처음 접한 느낌을 쓴 글
사의경험방(四醫經驗方)	1608–1649년	이석한(李碩幹)·채득기(蔡得己)·박렴(朴濂)·허임(許任)	痢疾當歸及苦椒煎服而看病人之氣品加減用之	이질에는 당귀 및 고추를 달여 먹이되, 병자의 氣品을 보아 가감하여 사용한다.	苦椒	苦椒라는 한자가 처음 나옴. 광해군~인조 때 편찬한 책
도문대작(屠門大嚼)	1611년	허균(許筠)	椒豉. 黃州所作甚佳。	초시는 황주에서 만든 것이 매우 좋다.	椒豉	
지봉유설(芝峰類說)	1614년	이수광(李睟光)	南蠻椒有大毒 始自倭國來 故俗謂倭芥子 今往往種之 酒家 利其猛烈 或和燒酒以市之 飮者多死。	남만초는 큰 독이 있다. 처음에 왜국에서 들어 왔기 때문에 세속에서는 이것을 왜계자라고 한다. 지금은 가끔 이것을 심는데, 술집에서는 몹시 매운 것을 이용한다. 또는 소주에 타서 팔기도 하는데 이것을 먹은 자는 많이 죽는다.	南蠻椒 倭芥子	이성우 등이 처음으로 일본에서 고추가 들어왔다고 주장하는 문헌

	시기	저자	원문	내용	핵심단어	비고
지봉유설(芝峰類說)	1614년	이수광(李睟光)	椒井多有之。廣州淸安等處最有名。每七八月。有椒氣甚烈。病人沐浴	椒井(초정)이란 것도 많이 있다. 그 중에도 廣州 · 淸安 등처의 것이 가장 유명하다. 매년 7, 8월이 되면 물에 고추 기운이 있어서 몹시 맵다. 병든 사람이 목욕하면 자못 신기한 효험이 있다고 한다.	椒井	남만초, 왜개자가 들어오기 이전에 이미 초[고추]가 있었음을 의미함
산림경제(山林經濟)	1643–1715년	홍만선(洪萬選)	膾醋煨. 葱四莖薑二兩. 榆仁漿半盞. 椒末二錢. 一處擂爛. 入酸醋內. 加鹽并糖拌膾. 或減薑半兩. 加胡椒一錢. 上同 酒魚脯. 臘月取大鯉魚洗淨. 以布拭乾. 每斤用鹽一兩. 葱薑絲川椒各少許。和好酒同醃. 令酒浸過魚一寸. 逐日翻動. 候滋味透. 取出晒乾削食. 必用神隱	회초(膾醋)는 파 4뿌리, 생강 2냥, 유인장(榆仁漿) 반 잔, 고춧가루 2전(錢)을 한데 짓개어 초에 소금과 설탕을 치고 회를 버무린다. 혹 생강을 반 냥 덜고 호초 1전을 전(錢)을 한데 짓개어 초에 소금과 설탕을 치고 회를 버무린다. 혹 생강을 반 냥 덜고 호초 1전을 더하기도 한다『거가필용』. 술에 절인 어포[酒魚脯]는, 섣달에 큰 잉어를 잡아 깨끗이 씻어 베헝겊으로 물기를 닦아낸다. 매근에 소금 1냥, 약간의 파채 · 생채 · 천초(川椒)를 넣고, 좋은 술에 한데 절여 술이 생선보다 1촌쯤 올라오게 붓고, 날마다 손쳐서[飜] 맛이 배어들거든 꺼내어 볕에 말려 저며서 먹는다『거가필용』, 『신은지』.	椒	초, 호초, 천초가 구분되어 나옴. 초는 천초나 호초가 될 수 없음. 초는 고추임
소문사설(謏聞事說)	1657–1724년	이시필(李時弼)	淳昌苦艸醬造法 콩쑤어二斗白屑餠五升合,細末亂搗,入於空石中,正二月限七日띄어曬乾後,好苦艸末六升調和.	순창고추장 만드는 법: 콩을 쑤어 두 말을 백설기 닷 되와 합하여 곱게 빻고 짓이겨 빈섬에 넣고는, 정이월(正二月)에 7일 동안 띄워 볕에 쬐어 말린 뒤에 좋은 고춧가루 엿 되를 고루 섞는다.	淳昌苦艸醬	고추장 제조법 임금님 고추장
주촌신방(舟村新方)	1687년	신만(申曼)	眞末和丸 蛔腹痛毋論年之久近烈椒고쵸 一升折腰眞油煎之 踰半後去椒空心溫服則盡死下	횟배앓이는 햇수가 얼마나 되었든 상관없이 고추 한 되를 하나하나 분질러 참기름에 졸이되 반쯤 졸아든 뒤에 고추를 건져내고 공복에 데워서 마시면 회충이 모두 죽어서 내려온다.	椒 고쵸	

	시기	저자	원문	내용	핵심단어	비고
역어유해(譯語類解)	1690년	신이행(愼以行) 등	椒예고쵸		椒 예고쵸	
유합(類合-乎隱齊藏板本)	1700년대	미상	椒 고쵸 쇼		椒 고쵸	
술만드는법	1700년대	미상	고쵸		고쵸	
실험단방	1709년	유이태(劉以(爾)泰)	有痰狂, 其症如亂痛者, 東西顚. 苦椒不去不剖腹一握, 老姑根三握, 同煎作甘酒 飮, 神效	담으로 미치는 증상이 곽란과 같이 아픈 환자는 여기 저기에서 쓰러진다. 고추(꼭지를 제거하지 않고 배를 가르지 않는다) 1줌, 할미꽃 뿌리 3줌을 함께 물에 달여 단술을 만들어 마시면 신기한 효과가 있다.	苦椒	
대화본초(大和本草)	1709년	가이바라 에키켄(見原益軒)	昔は 日本に 無之, 秀吉公朝鮮を 代つ時, 彼國により種子を取來ゐ 故に高麗胡椒と云云	일본에는 도요토미 히데요시(豊臣秀吉)가 조선 정벌 때 그 나라에서 고추 종자를 가져왔기에 고려호초(高麗胡椒)라 한다.	高麗胡椒	일본문헌
동사일기(東槎日記)	1711년	임수간(任守幹)	椒花落節旛, 山椒, 芥子, 胡椒	고추 꽃잎은 깃발에 떨어지네 , 산초, 개자, 호초	椒	고추[椒], 산초, 천초가 각각 나오므로, 椒는 산초나 호초가 아님
물보(物譜)	1722년	이가환(李嘉煥), 이재위(李載威)	蕃椒 고쵸 蠻椒 고쵸		고쵸	
임여재선생문집(臨汝齋先生文集)	1730-1806년	유규(柳氵+奎)	方對竈煑粥而折來後園苦椒分摘葉實各置一器	바야흐로 아궁이 앞에서(=부엌에서) 죽을 쑤고 후원의 고추를 꺾어 와서는 잎과 열매를 따로 따 내어 각기 다른 그릇에 담았다.	苦椒	
본조세사담기(本朝世事談綺)	1734년	키구오카 센료우(菊岡沾凉)	番椒 秀吉朝鮮征 の時, はじめて取來ゐと云	고추는 도요토미 히데요시(豊臣秀吉)가 조선을 정벌할 때 처음으로 가져왔다고 한다.	番椒	일본문헌

	시기	저자	원문	내용	핵심단어	비고
청장관전서 (青莊館全書)	1741–1793년	이덕무(李德懋)	蠻椒。俗稱苦椒開白花	만초는 속칭 고추로 하얀꽃이 핀다.	苦椒	
승정원일기 (承政院日記)	1749년 (영조 25)		今予亦常嗜川椒之屬及苦椒醬。	지금 나도 항상 천초의 부류와 고추장을 즐겨 먹는다.	苦椒醬	
	1751년 (영조 27)		若魯曰, 麥飯旣欠穀精, 椒醬石魚等物, 亦何以益胃乎? 上曰, 常時所食, 不過沈菜矣	김약로가 "보리밥은 이미 穀의 精이 부족하고, 고추장과 조기 등의 음식도 胃에 무슨 도움이 되겠습니까?"하니, 상께서 "늘 먹는 것은 沈菜뿐이다."하셨다.	椒醬	
	1763년 (영조 39)		古椒醬亦好矣	고추장도 좋습니다.	古椒醬	
인제지 (仁濟志)	1764–1845년	서유구 (徐有榘)	番椒卽俗名苦椒	번초는 즉 속칭 고추라고 한다.	苦椒	
조선왕조실록 (朝鮮王朝實錄)	1768년 (영조 44)		上曰 松茸 · 生鰒 · 兒雉 · 苦椒醬, 有此四味則善飯, 以此觀之	임금이 말하기를, "송이(松茸) · 생복(生鰒) · 아치(兒雉) · 고초장(苦椒醬) 이 네 가지 맛이 있으면 밥을 잘 먹으니, 이로써 보면 입맛이 영구히 늙은 것은 아니다."	苦椒醬	이성우, 이기문이 18세기 이후 苦椒가 처음 나온다고 주장하는 문헌, 그러나 『사의경험방에 이미 苦椒가 나옴
일동장유가 (日東壯遊歌)	1763–1764년	김인겸 (金仁謙)	고쵸샹토 하여시며	고추상투를 하였고	고쵸	
연암집 (燕巖集)	1737–1805년	박지원 (朴趾源)	延禧宮苦椒蒜韭葱薤	연희궁(延禧宮)의 고추 · 마늘 · 부추 · 파 · 염교며	苦椒	
물류칭호 (物類稱呼)	1775년	코시야히데마 (越谷秀眞)	番椒 秀吉公 朝鮮を 伐ち給ふ時 種を取來ゐ	도요토미 히데요시가 조선을 정벌할 때 고추 종자를 가져왔다.	番椒	일본문헌
방언집석 (方言集釋)	1778년	홍명복(洪命福) 등	秦椒 예고쵸		예고쵸	

	시기	저자	원문	내용	핵심단어	비고
한청문감(漢淸文鑑)	1779년	이담(李湛), 김진하(金振夏)	秦椒 고쵸		고쵸	
윤음언해(綸音諺解)	1781년	미상	고쵸		고쵸	
보만재총서(保晩齋叢書)	1733년	서명응(徐命膺)	苦椒		苦椒	
유호남민인등윤음(諭湖南民人等綸音)	1783년	정조(正祖)	고쵸		고쵸	
본사(本史)	1787년	서명응(徐命膺)	苦椒		苦椒	
오주연문장전산고(五洲衍文長箋散稿)	1783년-?	이규경(李圭景)	名椒醬。出淳昌郡及天安郡者。名于一國	초장이라고 한다. 순창군 천안군에 나오는데, 우리나라에 이름이 났다.	椒醬	번초남과변증설(番椒南瓜辨證說)
			近聞我椒。貨于倭館。則其利甚夥云	우리나라 초는 왜관에 팔면 심히 이문이 남는다.	我椒	
			番椒者。鄕名苦草。南瓜者。俗稱胡朴。其原竝出南蠻。故番椒或稱南蠻椒 番椒與南瓜。來于我東。則在於宣廟壬辰之後	번초는 고초(쓴풀)라고 한다. 남만으로부터 오고, 고로 번초는 남만초라고 칭한다. 번초와 남과는 우리 동쪽으로 왔는데, 선조 임진란 이후에 있었다.	苦草 番椒 南蠻椒	
			冬之烈風曰苦椒風	동지섣달 매운 바람을 고추풍이라 한다.	苦椒風	풍우명호변증설(風雨名號辨證說)
주식방(酒食方)	1795년 이후	미상	고초가로		고초	
김중휴일기(金重休 日記)	1797-1863년	김중휴(金重休)	蒜子 苦椒 各十七箇	마늘, 고추 각 7개	苦椒	

	시기	저자	원문	내용	핵심단어	비고
해동농서(海東農書)	1736–1799년	서호수(徐浩修)	蕃椒 고쵸		고쵸	
역와문집(櫟窩文集)	1730–1798년	이세윤(李世胤)	苦椒		苦椒	
시의전서(時議全書)	1800년대 말	미상	고쵸가로, 고초조림, 풋고초, 고초ㄱ로, 고쵸		고쵸가로, 고초조림, 풋고초, 고초ㄱ로, 고쵸	
온주법(醞酒法)	1800년대	의성김씨 문중	고쵸		고쵸	
물보(物譜)	1802년	이가환(李嘉煥)	고쵸		고쵸	
성형도설(成形圖說)	1804년	시라오 쿠니바시라(白尾國柱)	高麗胡椒 或曰豐大朝鮮と征時, 此種を携來	고추는 도요토미 히데요시가 조선을 정벌할 때 고추 종자를 가져왔다.	高麗胡椒	일본문헌
만기요람(萬機要覽)	1808년	서영보徐榮輔)	椒島以産椒故名	초도는 초가 생산되기 때문에 붙인 이름	椒 椒島	고추가 재배됨
규합총서(閨閤叢書)	1809년	빙허각 이씨	[고쵸장]물근의이만치허고고쵸씨업시세말ᄒᆞ야닷곱이나칠홉이나식셩되로석고		고쵸	
농가월령가	1816년	정학유(丁學游)	빅셜 갓흔 면화송이 산호갓흔 고쵸다릐		고쵸	
일성록(日省錄)	1817년 1월 14일	苦椒			苦椒	
물명고(物名攷)	1820년	유희(柳僖)	南蠻椒 고쵸 蕃椒 고쵸		고쵸	

	시기	저자	원문	내용	핵심단어	비고
셔힝녹 (西行錄)	1828년	김지수 (金芝叟)	고초당초 마늘 싱강 굵은 파의 가는 부초		고초 당초	
부연일기 (赴燕日記)	1828년	미상	豆腐三斤 醬瓜四兩 椒一錢	두부 3근, 장아찌 4냥, 고추 1전	椒	당시 苦椒 한자가 있었음에도 고추를 椒로 씀
조선왕조실록 (朝鮮王朝實錄)	1832년 7월 21일		各蔬菜二十斤, 薑二十斤, 葱頭二十斤, 蒜頭二十斤, 苦椒十斤	각 소채 20근, 생강 20근, 파 20근, 마늘 20근, 고추 20근	苦椒	
한계유고 (韓溪遺稿)	1847년	이승희 (李承熙)	苦椒		苦椒	
윤씨음식법 (尹氏飮食法)	1854년	미상	고쵸, 고쵸, 고쵸ᄀᆞ로		고쵸, 고쵸	
농무목축시험장소존곡약종(農務牧畜試驗場所存穀藥種)	1863년	농무목축시험장관리훈련원(農務牧畜試驗場管理訓練院)	苦椒		苦椒	
의휘 (宜彙)	1871년	금리산인 (錦里散人)	生淸眞油各三合牧[牡]丹皮車前子苦練[楝]根芥子乾干胡椒苦椒川椒并作末各三合右料作	생꿀과 참기름 각 3홉. 목단피, 차전자, 소태나무 뿌리, 겨자씨, 건간, 후추, 고추, 천초(모두 가루로 만듦-원주) 각 3홉. 이상의 재료로 만들어	苦椒	호초, 고추, 천초가 같이 나옴
담정유고 (潭庭遺藁)	1882년	김려(金鑢)	苦椒		苦椒	
내외진찬등록 (內外進饌謄錄)	1892년	사옹원(조선)편(司饔院(朝鮮)編)	苦椒末一合	고추가로 1홉	苦椒	
월오헌문집 (月梧軒文集)	1895년	김회운(金會運)	苦椒		苦椒	

	시기	저자	원문	내용	핵심단어	비고
국한회어(國漢會語)	1895년	이준영(李準榮)·정현(鄭玹)·이기영(李琪榮)·이명선(李明善)·강진희(姜璡熙)	고쵸 苦椒		고쵸苦椒	고쵸라는 한글은 한자 苦椒가 분명함을 제시
각도각군소장(各道各郡訴狀)	1896년	내장원편(內藏院(朝鮮)編)	前忠勳府 屯土의 稅納이 每年 25兩인데 舍音 金昌植이 作人들에게 打作으로 分半하라고 할 뿐만 아니라 심지어는 苦椒豆太까지 分半하라고 독촉함에 지난 달에 내장원에 일제히 呈訴한 결과,		苦椒	
군도목(群都目)	1896년	미상	苦草末 고쵸가로		고쵸	
경상북도각군둔역토신축도총성책(慶尙北道各郡屯驛土辛丑賭總成冊)	1901년	내장원(조선)편(內藏院(朝鮮)編)	眞荏·苦椒·木花·栢	참깨, 고추, 목화, 잣	苦椒	
내외진연등록(內外進宴謄錄)	1901년	예조 전선사(조선) 편(禮曹典膳司(朝鮮)編)	苦椒二升	고추 2되	苦椒	
십삼도각군둔역도급각양세자기해지계묘오년조봉미봉도총일람표(十三道各郡屯驛賭及各樣稅自己亥至癸卯五年條奉未捧都摠一覽表)	1904년	내장원(조선)편(內藏院(朝鮮)編)	栢子·苦椒·木米	잣, 고추, 메밀쌀	苦椒	

	시기	저자	원문	내용	핵심단어	비고
을사년 1월 특정한 계를 운영하면서 작성한 장부인 돈신계전기(宣城金氏咸集堂宗宅成册19敦信稧錢記)	1905년	미상	苦椒三升。一圓五十錢	고추 3되, 일원 오십전	苦椒	
대한흥학보 제4호	1909년	윤정하(尹定夏)	輸出品에 有名훈 者는 羊羹(菓子類)苦椒漬, 海衣, 毛皮 等이라.		苦椒	
서북학회월보제16호聞童謠	1909년	춘몽자(春夢子)	형님 형님 사촌 형님 시집사리 맵다ᄒᆞ니 고쵸보다 엇더턴가.		고쵸	
구신록(求新錄)	1911년	유영희(柳泳熙)	苦椒		苦椒	
수진경험신방(袖珍經驗神方)	1912년	이인재(李麟宰)	赤痢. 當歸五錢, 苦椒三介, 煎服空心數次.	적리. 당귀 5돈, 고초 3개를 달여 빈속에 여러 번 복용하면 차도가 있다.	苦椒	
동의보감(東醫報鑑)	1916년	전선의회(全鮮醫會)	有ᄒᆞ니此等은身體慣習을成홈이라最中心性의慣習은一次成性홈에는 改良키甚難ᄒᆞ니食器에在ᄒᆞ야苦椒等辛辣...		苦椒	
조선어사전(朝鮮語辭典)	1920년	조선총독부	苦草 고초(고쵸), 무나물 ; 고초가루		고초(고쵸)	
조선요리제법(朝鮮料理製法)	1921년	방신영(方信榮)	졋국ㅅ지개 : 고초		고쵸	
동서의학요의	1924년	도진우(都鎭羽)	苦椒		苦椒	

	시기	저자	원문	내용	핵심단어	비고
동아일보	1924년 2월 6일		눈에 고초가루를너허 따에 업드러지게 한후 우편물을 탈취도주한 자가 잇섯는대		고초	
동아일보	1926년 8월 8일	김옥봉(金玉鳳)	붉은고초 대롱대롱 푸른고초 주렁주렁 바구니든 할머니는 푸른고초 남겨두고 붉은고초만 따서 넛네		고초	
보감록(寶鑑錄)	1927년	미상	고쵸		고쵸	
별건곤 제12, 13호	1927년	차호(遮湖) 멋쟁이	마눌이니 후초니 고초니하야 한참 법석을 치다가		고초	
가정구급방(家庭救急方)	1928년	박용남(朴容南)	飮食은消化키易한滋養食餌를適度로與하며 消化키難한食物과峻烈한食品(芥子, 苦椒, 山葵, 酒		苦椒	
중외일보	1930년		중국에서 가져오는 苦椒가 40만원		苦椒	
동광 제 29호	1931년	제씨(諸氏)	約 20年前부터는 名實相符의 禁酒斷煙의 實行을 繼續中이고 强度의 커피, 葉茶, 苦椒 等 刺戟이 甚한 食物을 可及的 忌避합니다.		苦椒	
매일신보	1935년 9월 18일		사진製造에苦椒를 使用		苦椒	
한방의약(漢方醫藥)	1940년	정지훈	苦椒		苦椒	
경향신문	1949년 1월 4일		苦椒		苦椒	

	시기	저자	원문	내용	핵심단어	비고
영천이씨 농암종택 병신년 1월에 발급 자미상이 수급자미상에게 보낸 성책(永川李氏 聾巖宗宅 永川李氏 聾巖宗宅 成册55 愛日堂重建時用下記)	ㅁ 상	미상	苦椒。一斤。二百三十圓	고추 한 근 이백삼십 원	苦椒	
의방합편(醫方合編)	미상	미상	胡朴膏. 粘米作飯, 曲子量飯, 用淸蜜 眞油 胡椒 川椒 苦椒 乾干 芥子 木米 苦蓮根 牧[牡]丹皮 各五合, 細末. 胡朴最大者, 開頭作孔去核後, 右材合製其中, 開頭還閉, 取眞黃土, 泥而厚塗全體, 糠火埋之, 過一晝夜後, 取出, 空心蜜水調下, 胸腹痛, 疝症, 脹症, 痰血, 腹冷等症, 神效. 『醫方合編』「調養門	호박고(胡朴膏). 찹쌀로 밥을 짓고 누룩과 밥을 섞는다. 꿀 참기름 후추 천초 고추 건강 겨자 메밀 고련근 목단피 각 5홉을 곱게 가루 낸다. 호박 가장 큰 것을 골라 꼭지를 따 구멍을 내고 씨를 제거한 후 위의 재료들을 그 안에 모두 집어넣고 꼭지를 다시 닫는다. 진황토를 물에 개어 호박 전체를 두툼하게 바르고 왕겨불에 묻어 하루 밤낮이 지난 다음 꺼내 공복에 꿀물에 타서 먹는다. 흉복통, 산증(疝症), 복창, 담혈(痰血), 복랭(腹冷) 등의 증상에 신효하다.	苦椒	
의보(醫寶)	미상	미상	苦椒		苦椒	
광재물보(廣才物譜)	미상	미상	蕃椒 고쵸		고쵸	
물명괄(物名括)	미상	미상	蕃椒 고쵸		고쵸	
국립도서관소장 별주부전	미상	미상	삭신 압문 뒤 고쵸가루 압푸즌코		고쵸	
심청젼	미상	미상	심봉사 고쵸 상토 덤벽 잡어		고쵸	
주식방문	미상	미상	실고쵸		고쵸	

부록 3 고추장 관련 고문헌 기록

문헌	시기	저자	원문	내용	핵심 단어	비고
삼국지위지동이전(三國志魏志東夷傳)	고구려	진수(陳壽)	其人絜淸自喜, 善藏釀	그 나라 사람들은 깨끗한 것을 좋아하며, 술을 잘 빚는다.	藏釀	중국문헌
식의심감(食醫心鑒)	850년(당선종 4)	잠은(昝殷)	烏雌雞 一隻 右治如法煮令極熟細擘以豉汁葱薑椒醬作羹食之	검은 암탉을 푹 삶아서 잘게 손으로 찢은 다음 메주즙(된장물), 파, 생강, 고추장을 넣어 국을 끓여 먹는다.	椒醬	중국문헌 烏雌雞
사시찬요(四時纂要)	996년	한악(韓鄂)	幹菜脯"爛蒸,碎搗,入椒醬,脫作餅子。多作以備一年	[건포채] 푹 쪄서 확에 넣어 찧은 뒤에 고추장에 넣었다가 떼어서 떡으로 만들되 많이 만들어서 1년을 대비한다.	椒醬	중국문헌
향약집성방(鄕藥集成方)	1433년(세종 15)	권채(權採)·유효통(兪孝通)·노중례(盧重禮)·박윤덕(朴允德) 등	養老奉親書[鯽魚粥] 鯽魚肉七兩 靑粱米四合 橘皮末一分 右相和煮作粥下五味椒醬葱調和空心	『양로봉친서』(붕어죽 처방): 붕어 고기 7냥, 청량미(생동찹쌀) ..... 서로 섞어 삶아 죽을 만들고, 뒤에 오미 고추장, 파를 조미(調味)한다(본문 참조).	椒醬	우리나라 문헌
			[千金方]治大便祕塞不通 椒豉湯五升和猪膏三合灌之佳又無灰 濃酒半升鹽三錢銶成如上法	[천금방] 변비처방: 초시탕(椒豉湯) 5되와 돼지 기름 3홉을 부어 주면 좋다(본문 참조).	椒豉	
의방유취(醫方類聚)	1445년(세종 27)	한계희(韓繼喜), 임원준(任元濬), 권찬(權讚) 등	黃雌鷄餛飩方: 治老人脾胃氣弱, 不多食, 痿瘦. 黃雌鷄肉五兩白麪七兩葱白二合, 切細 右以切肉作餛飩, 下椒醬五味調和, 煮熟, 空心食之	황자계혼돈방: 노인의 비장과 위장의 기가 약할 때 처방: 황자계 .... 고추장에 담가 5미를 조화시키고 불로 쪄서 공복에 먹는다(본문 참조).	椒醬	향약집성방의 양로봉친서
			治大便祕塞不通神方: 猪羊膽無在, 以筒灌三合許, 令深入卽出矣. 出不盡, 須臾更灌. 一方加冬葵子汁和之亦妙. 又椒豉湯五升, 和猪膏三合灌之佳....생략(본문 참조)	변비 처방: 돼지나 양의 쓸개즙을 대롱으로 3홉쯤 灌腸하여 깊이 들어가게 하면 곧 나온다. 다 나오지 않으면 잠시 뒤에 다시 관장한다..... 또한 초시닷 되를 끓여 돼지기름 3홉을 섞어 관장하면 좋은데....생략(본문 참조)	椒豉	향약집성방의 천금방
허백정집(虛白亭集)	1438–1504년	홍귀달(洪貴達)	椒醬賽歲功	고추장 농사가 1년의 농사를 가름한다.	椒醬	

문헌	시기	저자	원문	내용	핵심 단어	비고
매계집(梅溪集)	1454–1503년	조위(曺偉)	椒醬奠罷意何堪 (以椒浸製的酒漿. 古代多用以祭神)	초장으로 제사를 마치니 뜻을 어찌 견디리오(초장(椒醬)은 고추를 넣어서 만든 술[椒漿]로, 제사용으로 썼다는 의미라고 하기도 한다)	椒醬	소주에 고추를 타서 마심 김종직의 동도악부
식료찬요(食療纂要)	1460(세조 6)	전순의(全循義)	治脾胃氣弱不多食痿瘦 黃雄鷄肉五兩白麪七兩葱白細切二合切肉作餛飩下椒醬五味調和煮熟空心食之日一服益藏府悅顏色健脾胃	비장과 위장의 氣가 허약할 때: 누런 수컷 닭고기(중략) …… 고추장에 넣어, 오미(五味)가 조화되도록 잘 삶아서 공복에 먹는다 …… 생략(본문 참조)	椒醬	의방유취, 향약집성방과 비슷(黃雄鷄)
의림촬요(醫林撮要)	?–1597년	양예수(楊禮壽)	黃雌雞餛飩 : 治老人脾胃氣弱不多食痿瘦黃雌雞取肉四兩白麵七兩葱白二合右切和作餛飩下鹽椒醬味調和熟煮食	황자계혼돈: 비위와 위장의 처방 몸이 마를 때: 황자계 …… 고추장에 담가 5미를 조화시키고 불로 쩌서 먹는다(생략).	椒醬	의방유취의 黃雌雞 혼돈
사의경험방(四醫經驗方)	1608–1649년	이석한(李碩幹)·채득기(蔡得己)·박렴(朴濂)·허임(許任)	痢疾當歸及苦椒煎服而看病人之氣品加減用之	이질에는 당귀 및 고추를 달여 먹이되, 병자의 氣品을 보아 가감하여 사용한다(본문 참조).	苦椒	苦椒라는 한자가 처음 나옴 고추를 달여먹음
			治瀉痢諸方脾胃氣冷痢白濃涕腰脊疼痛瘦弱無力鯽魚肉九兩切碎豉汁七合乾干末橘皮末各五荖以椒醬五味調和豉汁沸卽下膾魚煮熟下二味空心日一服其效尤益	설사를 치료하는 처방. 비위의 기가 약하여 냉리가 농체(진한 콧물?)처럼 희고, 허리와 등뼈가 아프고 파리하며 약하여 힘이 없는 증상. 붕어 고기 9냥을 잘게 부순 것, 메주즙 7홉, 乾干 가루, 귤피 가루 각 5荖. 椒醬으로 五味를 調和하고 메주즙을 끓이고 膾魚를 넣어 쩌서 익하고 二味를 넣어 空心에 하루 한 번 복용하면 그 효험이 더욱 늘어난다.	椒醬	향약집성방의 붕어죽 의방유취의 황자계혼돈
도문대작(屠門大嚼)	1611년	허균(許筠)	椒豉。黃州所作甚佳。	초시(椒豉): 黃州에서 만든 것이 매우 좋다.	椒豉	
식산집(息山集)	1644–1731년	이만부(李萬敷)	坏冶芳醑兮椒醬。撫歸櫬兮泉瀉	향긋한 술과 고추장을 빚어 고인의 영구(靈柩)에 샘물처럼 쏟는다.	椒醬	

문헌	시기	저자	원문	내용	핵심 단어	비고
소문사설 (謏聞事說)	1657– 1724년	이시필 (李時弼)	淳昌苦艸醬造法 콩 쑤어 二斗白屑餅五升合, 細末亂搗, 入於空石中, 正二月限七日 씌어 曬乾後, 好苦艸末六升調和. 又麥芽一升粘米一升并, 作末되게 쑤어 快冷後, 甘醬分數同入. 又全鰒五箇好品을 비슷비슷 졈이고 大蝦紅蛤分數同入, 生薑作片, 限一望入缸 삭킨 後, 置之冷處, 出而食之. 余謂不和以蜜, 則味應不甘, 而此方不載, 疑其闕也.	순창 고추장 만드는 법 콩을 쑤어 두 말을 백설기 닷 되와 합하여 곱게 빻고 짓이겨 빈 섬에 넣고는, 정이월(正二月)에 7일 동안 띄워 볕에 쬐어 말린 뒤에 좋은 고춧가루 엿 되를 고루 섞는다. 또, 엿기름 한 되와 찹쌀 한 되를 합하여 가루가 되도록 쑤어서 빨리 식힌 다음에 감장(甘醬) 정량(定量)을 함께 넣는다. 또 상품(上品)의 전복(全鰒) 닷 미(尾)를 고르게 저며서 대하(大蝦)와 홍합(紅蛤) 정량(定量)과 함께 넣고 생강을 조각내어 한 보름 동안 항아리에 넣어서 삭힌 뒤에 그것을 찬 곳에 두었다가 꺼내서 먹는다. 내 생각에는 꿀을 섞지 않으면 응당 맛이 달지 않을 터인데도 이 방법이 기재되어 있지 않으니 아마도 그 부분이 결루(缺漏)된 듯하다.	淳昌苦艸醬	고추장 제조법 임금님 고추장
북헌집 (北軒集)	1670– 1717년	김춘택 (金春澤)	以椒醬薑菹 勸余飯爲擧數匙	고추장, 생강, 김치로서 나에게 식사 때 몇 술 들어보라 권하였다	椒醬	
승정원일기 (承政院日記)	1749년 (영조 25, 7월 24일)		今予亦常嗜川椒之屬及苦椒醬。	지금 나도 항상 천초의 부류와 고추장을 즐겨 먹는다.	苦椒醬	천초 고추장
	1751년 (영조 27, 윤5월 4일)		若魯曰, 麥飯旣欠穀精, 椒醬石魚等物, 亦何以益胃乎	김약로가 "보리밥은 이미 穀의 精이 부족하고, 고추장과 조기 등의 음식도 胃에 무슨 도움이 되겠습니까" 하였다.	椒醬	
	1751년 (영조 27, 윤5월 18일)		若魯曰, 苦椒醬近日連爲進御乎 上曰, 連進御矣。向日初入之苦椒醬, 甚好矣	약로가 "고추장은 근일에 연이어 드셨습니까?"하자, 주상께서 "연이어 먹었다. 지난번에 처음 들어온 고추장은 매우 좋았다."하셨다.	苦椒醬	

문헌	시기	저자	원문	내용	핵심 단어	비고
승정원일기 (承政院日記)	1751년 (영조 27, 6월 9일)		晩曰, 近來饌品, 何以爲之乎? 椒醬連爲進御乎? 上曰, 然矣。若魯曰, 快賜進御之敎, 何如? 上曰, 進三貼後, 若得差愈, 則予當不復飮矣	신만이 "근래에 찬거리로는 무엇을 드십니까? 고추장은 연이어 드십니까?" 하자, 상께서 "그렇다."하셨다. 김약로가 "쾌히 올리라 하교하심이 어떠하십니까?"하자, 상께서 "세 첩을 먹은 뒤에 조금 나은 듯하니 내 더는 먹지 않는 것이 좋겠다."하셨다.	椒醬	
	1752년 (영조 28, 4월 10일)		上曰, 苦椒醬, 乃近來所沈, 昔年若有之, 則必當進御矣	주상께서 "고추장은 근래에 담근 것인데, 옛날에 이것이 있었다면 필시 마땅히 먹었을 것이다."하셨다.	苦椒醬	
	1753년 (영조 29, 7월 3일)		文秀曰, 胡椒醬連爲進御乎? 上曰, 某某物, 皆厭甚, 此後勿爲更入, 可也。	박문수가 "고추장은 연이어 드시겠습니까?"하니, 상께서 "아무아무 음식은 모두 너무 물리니 차후로는 다시 들이지 않는 것이 좋겠다."하셨다.	胡椒醬	고추장을 호초장으로 썼음
	1754년 (영조 30, 윤4월 14일)		鳳漢曰, 胡椒醬及煎全椒, 有補於口味, 請得入之。上曰, 入之。上曰, 胖熟入之, 則當進御慈殿, 紅蛤除之, 烹熟以入, 可也。	홍봉한이 "고추장과 전초를 끓인 것이 입맛을 도우니 들이기를 청합니다." 하니 상께서, "들이도록 해라."하셨다. 상께서 "양숙을 들이거든, 자전께 올릴 때는 홍합을 빼고 삶아 익혀서 들여야 된다."하셨다.	胡椒醬	

문헌	시기	저자	원문	내용	핵심 단어	비고
승정원일기(承政院日記)	1754년(영조 30, 11월 20일)		上曰, 趙宗溥非怪異之人矣。而見其書可知矣。曾見宗溥椒醬(味)好矣。渠無乃過喫椒醬, 全身化爲椒乎? 甚酷烈矣。上謂東宮曰, 趙宗溥事何如? 對曰, 未及見其書矣。上命承旨讀訖。上曰, 予初以爲不過如椒醬而止矣。此則事出於黨心矣。趙宗傅一人, 予非不能處置, 而至於姜姓人則可怪矣	상께서 "조종부는 괴이한 사람이 아니니 그의 글을 보면 알 수 있다. 일찍이 조종부 집안의 고추장이 맛이 좋다는 것은 알았지만, 그가 고추장을 지나치게 먹어서 온몸이 고추로 변한 것은 아니더냐? 너무나 혹렬하구나."하셨다. 상께서 동궁에게 "조종부의 일은 어떻게 하면 좋겠느냐?"하셨고, (동궁이) "미처 그의 글을 읽지 못했습니다."하자, 상께서 승지에게 명하여 끝까지 다 읽도록 하셨다. 상께서 "나는 처음에 (그의 글이) 고추장과 같은 것에 지나지 않을 뿐이라 생각했다. 그러나 (알고 보니) 그것은 오로지 黨心에 나온 것이었다. 조종부 한 사람이라면 내가 처치할 수 없는 것은 아니지만 강씨 성을 가진 사람은 괴이하게 여길 만하구나."하셨다.	椒醬	조종부(1715년생, 순창출신)의 고추장을 초장(椒醬)으로 표기함
	1757년(영조 33, 5월 7일)		饌饍中苦椒醬好矣	찬선중에 고추장이 좋습니다.	苦椒醬	
	1758년(영조 34, 12월 19일)		上曰, 皆楚越矣。其中秋牟飯 · 枯椒醬 · 汁菹, 似可適口矣。俄聞罷漏聲, 爲二十日曉也	상께서 "모두 서로 거리가 먼 것들이구나. 그중 추모반(=가을보리밥) · 고추장 · 김칫국은 입에 맞을 듯하다."하셨다. 이윽고 파루의 종소리가 들리고 20일 새벽이 되었다.	枯椒醬	

문헌	시기	저자	원문	내용	핵심 단어	비고
승정원일기(承政院日記)	1758년 (영조 34, 12월 20일)		上曰, 俄進秋牟飯 · 水菹 · 椒醬, 則皆有味開胃, 今可以快得平復耶? 腹部諸症不見, 又接小睡而覺甚爽矣。因此而思之, 人間萬事, 無大無小, 而各有定限, 病亦然矣。差復自有其時, 預求其瘳, 而何可得乎?	상께서 "조금 전에 추모반 · 김칫국 · 고추장을 먹었더니 모두 맛이 있어 식욕이 나는데, 이제 쾌히 건강을 회복할 수 있겠느냐? 복부의 여러 증세는 나타나지 않고, 또 잠깐 눈을 붙였다 깨어났더니 매우 상쾌하구나. 이를 계기로 생각해 보니, 세상만사가 크든 작든 각각 정해진 기한이 있고 병도 역시 그러하구나. 병이 낫는 것은 저절로 그때가 있기 마련인데, 미리 낫기를 구한다고 한들 어떻게 될 수 있겠느냐?"하셨다.	椒醬	
	1761년 (영조 37, 8월 2일)		上曰, 趙宗溥則爲人精矣。是趙彦臣之子也。只由渠太喫胡椒醬而然也。予追今未忘也。鳳漢曰, 今之餘者, 只趙榮順一人, 而其爲人, 和吉可愛也	상께서 "조종부는 사람됨이 정밀하였으니 곧 조언신의 아들이었다. 단지 그가 고추장을 지나치게 먹었기 때문에 그랬던 것이다. 나는 지금까지도 잊을 수가 없다."하시니, 홍봉한이 "이제 남은 사람은 조영순 한 사람뿐인데, 그의 사람됨이 부드럽고 복성스러워 아낄 만합니다."하였다.	胡椒醬	순창사람 조종부의 고추장을 호초장(胡椒醬)으로 표기
	1763년 (영조 39, 12월 24일)		古椒醬亦好矣	고추장도 좋습니다.	古椒醬	
	1736년 (영조 42, 2월 27일)		泰遠曰, 古椒醬開胃矣。	이태원이 "고추장이 위를 열어 입맛을 돋웁니다."하였다.	古椒醬	
증보산림경제(增補山林經濟)	1766년 (영조 42)	류중림(柳重臨)	造蠻椒醬法 急造蠻椒醬法	고추장 만드는 법 고추장 빨리 만드는 법	蠻椒醬	이성우가 최초 고추장 문헌이라 주장함

문헌	시기	저자	원문	내용	핵심 단어	비고
승정원일기(承政院日記)	1767년 (영조 43, 4월 23일)		尙喆曰, 進御之間稍近, 其或何如耶? 上曰, 無害矣, 椒醬一次進之可也, 村人多爲椒醬云矣。尙喆曰, 果多有, 而第味好者, 不易得矣。上命書傳敎曰, 關西狀聞來到, 欲爲下敎, 備局次對, 進定於今日	김상철이 "수라 드시는 간격을 조금 가깝게 하는 것은 혹 어떠하시겠습니까?"하자, 상께서 "해가 되지는 않겠다. 고추장을 한 번 올리는 것이 좋겠다. 촌사람들 중에 고추장을 만드는 자들이 많다고 한다."하셨다. 김상철이 "과연 많이 있기는 하지만, 맛이 좋은 것은 쉽게 구할 수 없습니다."하였다. 상께서 명하여 傳敎를 쓰기 하기를 "관서의 장계(狀啓)가 도착하면 하교하려 하니, 비변사의 次對(=정무 보고)는 오늘로 앞당겨 정하라."하셨다.	椒醬	
승정원일기(承政院日記), 조선왕조실록(朝鮮王朝實錄)	1768년 (영조 44, 7월 28일)		松茸 · 生鰒 · 兒雉 · 苦椒枚醬, 有此四味則善飯, 以此觀之, 則口味非永老矣	송이 · 생복 · 아치 · 고추장 이 네 가지 맛이 있으면 밥을 잘 먹으니, 이로써 보면 입맛이 영구히 늙은 것은 아니다.	苦椒枚醬	
승정원일기(承政院日記)	1769년 (영조 45, 6월 17일)		致仁曰, 近來饌品, 無保胃之味, 進御椒醬, 何如? 上曰, 此亦厭矣	김치인이 "근래의 찬거리는 위를 도우는 음식이 없으니 고추장을 드시는 것이 어떻습니까?"하자, 상께서 "그것도 물리는구나."하셨다.	椒醬	
	1770년 (영조 46, 3월 11일)		李以楷曰 苦椒醬, 亦入之乎	이이해가 "고추장도 넣을까요?"하였다.	苦椒醬	
	1770년 (영조 46, 11월 18일)		上曰, 内局椒醬, 不如士夫家椒醬矣。允協曰, 全州汁醬, 雖有名稱, 而終不如京中汁醬矣。尙喆曰, 椒醬更爲求入乎? 上曰, 依。尙喆曰, 來日湯劑, 亦依例乎? 上曰, 依。	상께서 "내국의 고추장은 사대부 집안의 고추장만 못하다."하시자, 정윤협이 "전주의 汁醬은 비록 명성은 있으나 결국 서울의 汁醬만 못합니다."하였다. 김상철이 "고추장은 다시 구해서 들입니까?"하자, 상께서 "그렇게 하라."하셨다. 김상철이 "내일 탕약도 예에 의거합니까?"하자, 상께서 "그렇게 하라."하셨다.	椒醬	

문헌	시기	저자	원문	내용	핵심 단어	비고
승정원일기(承政院日記)	1774년(영조 50, 2월 13일)		上曰, 食補然後似勝, 何物最好? 諸醫皆言其事可也。泰輿奏曰, 胡椒醬, 於補脾胃似宜矣。道炯奏曰, 乾雉細裂而進之, 則似宜矣。晦曰, 石魚亦好矣。	상께서 "음식으로 원기를 보충하고 나면 나을 듯한데, 무슨 음식이 제일 좋겠느냐? 여러 의관들이 저마다 그 일을 말하면 좋겠다."하셨다. 방태여가 아뢰기를 "고추장이 비위를 도우는 데 마땅할 듯합니다."하였다. 오도형이 아뢰기를 "말린 꿩고기를 잘게 찢어서 드시는 것이 마땅할 듯합니다."하였다. 신회는 "조기도 좋을 듯합니다."하였다.	胡椒醬	호초장
내각일력(內閣日曆)	1781년	규장각 일기	蔬果椒醬俱焉	채소와 과일 고추장이 갖추어져 있다.	椒醬	
오주연문장전산고(五洲衍文長箋散稿)	1788–?	이규경(李圭景)	番椒與南瓜。來于我東。則在於宣廟壬辰之後。與煙草同出。自倭國及中原流傳三種。始播一國	번초와 남과가 우리나라에 전래된 것은 선조(宣祖) 임진년 이후에 있었던 일이고	番椒	번초남과변증설(番椒南瓜辨證說)
			作屑淹醬 名椒醬 出淳昌郡者 名于一國	가루로 만들어 장을 담그는 것을 초장(椒醬, 고추장)이라 하는데, 순창군(淳昌郡)과 천안군(天安郡)에서 나는 것이 온 나라에서 이름이 높다.	淳昌椒醬	
			近聞我椒。貨于倭館。則其利甚夥云	우리나라 초는 왜관에 팔면 심히 이문이 남는다.	我椒	
			淳昌之椒醬, 南男北女	순창의 고추장, 남부의 남자와 북부의 여자	淳昌椒醬	물산변증설(物産辨證說)

문헌	시기	저자	원문	내용	핵심 단어	비고
오주연문장전산고(五洲衍文長箋散稿)	1788-?	이규경(李圭景)	凡椒醬。用好淸醬。摉[手?]打乃好。末醬末一斗。糯米末一升。蠻椒末一升。昆布、多士麻、豆腐、乾靑魚、北魚、當歸、蒜、薑、筍、糯米、飯餠、麥芽。至於大蝦、紅蛤等屑。蟹全體碎瀝。髓及蟹匡黃醬。竝作塊。蒸出者太侈。隨力拌沈。爲妙。	무릇 고추장이란 좋고 맑은 장을 쓰고 (손으로) 두드려 주면 좋다. 메줏가루 한 말에 찹쌀가루 한 되, 고춧가루 한 홉. 그리고 다시마[昆布= 多士麻], 두부, 건청어, 북어, 당귀, 마늘, 생강, 죽순, 찹쌀, 밥떡, 엿기름(麥芽)으로부터 왕새우(大蝦) 홍합 따위와 통째로 갈아 만든 게즙에 게살, 게 딱지의 노란 알로 담근 장을 아울러서 덩어리를 만들어 쪄내면 매우 호사로운 것이 되리니 자신의 재주껏 섞어 담근다면 묘미가 있을 것이다.	椒醬 蠻椒	산구준여변증설(山臛餕餘辨證說) 소문사설은 증보산림경제와 유사하나 홍합, 전복 등을 넣음
			蘸蠻椒醬煮汁或炒椒醬作團	만초장을 묻혀 즙을 달이거나 혹은 고추장을 볶아 덩어리를 만든다. 혹은 게알 간장을 (볶아) 덩어리를 만든다.	蠻椒醬	산구준여변증설(山臛餕餘辨證說)
			冬之烈風曰苦椒風	동지섣달 매운바람을 고추풍이라 한다.	苦椒風	풍우명호변증설(風雨名號辨證說)
			美椒醬骨董飯	아름다운 고추장비빔밥	椒醬 骨董飯	산주자미변증설(山廚滋味辨證說
			或椒醬淡煮汁食之	혹 묽은 고추장 자즙에 찍어서 먹는다.	椒醬	행주음선변증설(行廚飮膳辨證說)
광제비급(廣濟秘笈)	1790년		又添蔥白三箇切再入干椒醬又煎連服	총백 세 개를 더 썰어서 다시 고추장에 넣고 또 끓인 뒤에 연복한다.	椒醬	
원행을묘정리의궤(園幸乙卯整理儀軌)	1795년	혜경궁홍씨(惠慶宮洪氏)	醬三器艮醬醋醬苦椒醬	장 세 그릇 간장, 식초장, 고추장	苦椒醬	惠慶宮洪氏 회갑연 기록
일성록(日省錄)	1796년 (정조 20, 2월 11일)		隨時折價苦椒醬	수시로 견주어 가격을 정함- 고추장	苦椒醬	임금입장에서 펴낸 일기

문헌	시기	저자	원문	내용	핵심 단어	비고
임원십육지 인제지(林園十六志 仁濟志)	1764–1845년	서유구(徐有榘)	研爛入陳皮椒醬作餛飩空心食	(돼지 콩팥 2매를) 곱게 갈아 진피와 고추장을 넣고 비빔밥(혼돈)을 만들어 공복에 먹는다.	椒醬	
임원십육지 보양지(林園十六志 葆養志)	1764–1845년	서유구(徐有榘)	粱米三合研葱白一握煮作羹下五味椒醬空心 食之	청량미 3홉을 갈고 총백 한 줌을 삶아 국으로 만들어 오미의 고추장을 넣고 공복에 먹는다.	椒醬	
다산시문집(茶山詩文集)	1801년	정약용(丁若鏞)	萵葉團包麥飯呑 合同椒醬與葱根/小盒茄椒醬	상추쌈에 보리밥을 둘둘 싸서 삼키고는 고추장에 파뿌리를 곁들여서 먹는다/작은 상자에는 고추장이 있고	椒醬 茄椒醬	
규합총서(閨閤叢書)	1309년(순조 9)	빙허각 이씨	고쵸장 콩ᄒᆞᆫ말며됴쓔라면쏠두되ᄀᆞ로ᄆᆡᆫ드라흰무리떡져ᄉᆞᆯ믄콩ᄲᅵ흘쩨ᄒᆞᆫ듸너허ᄆᆡ입지허며됴를줌안희들게작게쥐여씌오기를법듸로ᄒᆞ야극히말뇌여셰말ᄒᆞ야쳬예쳐며됴ᄀᆞᆯ이ᄒᆞᆫ말이여든쇼금넉되ᄅᆞᆯ됴흔믈의타범므리듸즐고되기ᄂᆞᆫ의만치ᄒᆞ고고쵸ᄀᆞᆯ늘셰말ᄒᆞ야닷홉이나칠홉이나식셩듸로석고ᄎᆞᆸᄊᆞᆯ두되,밥질게지어ᄒᆞ듸고로범므리고혹듸쵸두ᄃᆞ린것과포육ᄀᆞ로와화합ᄒᆞ곳굴을ᄒᆞᆫ보오만쳐ᄒᆞᄂᆞᆫ이도잇ᄂᆞᆫ이라쇼금과고쵸ᄀᆞ로ᄂᆞᆫ식셩듸로ᄯᅩᆼ작ᄒᆞ라 (해제 본문 참조)		고쵸장	고추장 제조법
농가월령(農家月令) 유월이라	1809–1890년	이기원(李基遠)	고쵸장 외난물이 용봉탕을 부러ᄒᆞ랴		고쵸장	
농가월령가(農家月令歌)5월령	1816년	정학유(丁學遊)	보리밥과 ᄎᆞᆫ국의 고쵸장 능두어라		고쵸장	
주찬(酒饌)	미상		古草醬 作糙如汁醬糙而作末糙一斗粘米三四升作飯鹽四升式細末古草五合許式合調成泥後以生薑點割者及菁菹點割者及石耳藁古吉更沙蔘等物層層入沈當其日食之亦好熟後雖六味不變好也	고추장 집장 메주처럼 메주를 만들어서 그 11말을 가루내고, 또 찹쌀 2–4되로 밥을 짓는다. 여기에 소금 4되마다 고춧가루 5홉 정도를 섞어 진흙처럼 만든 다음(생략 본문 참조)	古椒醬	고추장 장아찌

문헌	시기	저자	원문	내용	핵심 단어	비고
노상추일기(盧尙樞日記)	1822년 (순조 22, 7월 9일)	노상추(盧尙樞)	初九日辛巳, 朝三次泄下, 興得以鷄水粥進, 又服古椒醬水, 又服木瓜紫檀香生于[干]煎水, 直下而泄終不止, 悶悶	9일(신사), 아침에 여러 번 설사를 하여 興得이 鷄水粥을 올렸다. 또 古椒醬水를 마셨고, (중략)설사는 끝내 멎지 않으니 괴롭다.	古椒醬	
	1826년 (순조 26, 8월 10일)	노상추(盧尙樞)	初十日己未, 朝陰晩暘. 自昨夜始有泄症, 因又嘔吐達宵未差, 及曉飮枯椒醬水半沙鉢, 嘔吐乃止, 至晩飮藿香正氣散二貼乃差, 午長孫明璹來候夕歸	10일(기미),(중략). 어젯밤부터 泄症이 생겼는데, 그로 인해 또 구토가 났고 밤새도록 낫지 않다가 새벽에 枯椒醬水 반 사발을 마셨더니 구토가 멎었다.(생략)(본문 참조)	枯椒醬	
기슈가(沂水歌)	1831년	구강(具康)	소쳔어 두어드룸 고쵸장의 돈회초라		고쵸장	가사문학
음식책(飮食册)	1838년	단양댁	약고쵸쟝, 고초장		약고쵸쟝, 고초장	
삼셜긔권3 노처녀가	1848년	미상	상치쌈을 먹을 제는 고초장이 제일이오 청국장을 담글 제는 묵근 콩이 맛시 업ᄂᆡ		고초장	민요
동유가(東遊歌)	1862년	홍정유(洪鼎裕)	장육(醬肉)과 고초장항(醬缸) 공부담(空負擔) 속에 넣어		고초장	가사
의휘(宜彙)	1871년	금리산인(錦里散人)	始生時苦椒醬作餠 數三片火熏溫付候冷易付	(병증이) 처음 생겼을 때 고추장을 떡처럼 (얇고 편편하게) 만든 뒤, 두서너 조각을 불에 쬐어 따뜻하게 만들어 붙인다.	苦椒醬	
관동신곡(關東新曲)	1894년	조윤희(趙胤熙)	달착지근 고초장은 너머ᄶᅡ다 졈심요긔 다한후의		고초장	가사
답농가(荅弄歌)	미상	미상	고초장은 여시조부 논물이라		고초장	가사
농가월령가	미상	미상	苦草醬 豆腐醬도 맛맛스로 ᄀᆞ쵸 ᄒᆞ고		苦草醬	
시집살이민요(경남 창원)	미상	미상	성아 성아 사촌성아 시집살이 어떻더노 고초장이 맵다캐도 시집살이 더 맵더라		고초장	
시집살이(한국민속대관)	미상	미상	성님성님 사촌성님 시집살이 엇떱디까 얘야얘야 말도마라 고추장단지가 맵다한들 시집살이만큼 매울소냐		고추장	

문헌	시기	저자	원문	내용	핵심 단어	비고
남유수록 (南遊隋錄)	1894년	이복영 (李復榮)	令判玉驅牛日龍負苦草醬二缸	판옥(判玉)으로 하여금 소를 몰게 하고, 일룡(日龍)은 고추장 2항아리와 솥 1개를 지게 하였다.	苦草醬	동학혁명
도인경과내력(道人經過來歷)	1894년	海南에 관련되는 문서	古椒醬一升○一錢	고추장 한되 일전	古椒醬	동학혁명
기호흥학회월보 제8호 장원례(壯元禮)	1909년	진암산인술 겸평(震庵散人述兼評)	아 農用餘獨酒와 祭祀餘北魚炙과 紅的 苦椒醬과 青的 筩沉菜를 盛在松盤ᄒᆞ야 快與彼的어다	농사에 쓰고 남은 탁주와 제사에 쓰고 남은 북어구이와 붉은 고추장과 푸른 통김치를 솔소반에 담아 저들과 함께 즐기도다.	苦椒醬	
수진경험신방 (袖珍經驗神方)	1912년	이인재(李麟宰)	痰牽 苦椒醬一匕	가래가 끌 때 고추장 한 숟가락	苦椒醬	
의약월보 (醫藥月報) 제1권 4호	1914년	정지훈	食品 韓山小麯酒 義州粉湯 毓祥宮(京)冷水 沈菜 淳昌苦椒醬延安白川 인절미(又食醢) 廣州白餳	식품으로 한산소국주, 의주분탕, 육상궁(서울)냉수 침채, 순창고추장, 연안 백천인절미 또 식해, 광주흰쌀강정	淳昌苦椒醬	
개벽 1호	1920년	목성 (牧星)	그래서 두 아해는 의조케 놀앗고 점심때가 되는 줄도 모르는 대 뒷겻 장독대에 고초장 푸러 오신 重植의 모친이 『이 애. 점심 먹어라.』 하시며		고초장	
조선요리제법(朝鮮料理製法)	1921년	방신영 (方信榮)	고쵸장: 메쥬를 절구에 씨어 고흔체로쳐쳐 그릇에담아놋코 보리가루와 찹쌀가루(메쥬가루가 닷되면 보리가루닷되에 찹쌀가루 두되가량을ᄒᆞ라)를 고흔체에쳐셔 풀을 쑤ᄂᆞ니 쇼금물로(물ᄒᆞᆫ동이에 쇼금 두되를 쳐셔ᄒᆞ라) 물을 쳐셔 되닷케 죽을쑤어셔(보통죽보다ᄂᆞᆫ 되게쑤라) 메쥬가루에 붓고 고츄가루를 메쥬의 오분지일을 넛코 잘썩거셔 두고(되든지 혹 질든지ᄒᆞ면 소금을 가감ᄒᆞ야 적당히ᄒᆞ라) 미일 ᄒᆞᆫ번식져어 볏츨보여 익히ᄂᆞ니라		고쵸장	
조선요리제법(朝鮮料理製法)	1921년	방신영 (方信榮)	고초장찌기: 고초장을 물에 되직ᄒᆞ게 풀어 뚝박이에 담고 고기와 파를 익여너은후 기름치고 ᄶᅵᄂᆞ니 혹 두부도써으러넛코 호박오가리도 써으러너어셔 ᄶᅵᄂᆞ니라		고초장	
Transaction– Some Common Korean Foods	1923년	J. D. VANBUSKIRK	Another bean sauce (ko–cho–chang 고초장) is made by taking about equal parts of the fermented bean cakes, rice, and salt, with a large amount of red pepper, the mixture being soaked in a small amount of water till ripe. This too is very important as a condiment.		고초장	

문헌	시기	저자	원문	내용	핵심 단어	비고
해동죽지(海東竹枝)	1925년	최영년(崔永年)	苦椒醬 爲淳昌郡名産基色軟紅基味甘香基氣淸冽爲饌需之絕品淳昌人來到京城手造此醬味色俱不及本土之産蜀椒爲醬世界無獨稱朝鮮一種味最是淳昌一種産朝鮮全土復有未	고추장은 순창군의 명산품으로서 (중략). 순창인이 서울에 와서 손수 이 장을 빚어도 맛과 색이 모두 본토에서 만든 것에는 미치지 못한다. 촉초로 장을 만드는 것은 세계에 없어서 오직 조선 일종의 맛이라 불리며 그 으뜸이 순창 일종의 산품이니 조선 전국에도 더는 있지 않다.	淳昌苦椒醬	蜀椒=고추
개벽 61호 八道代表의 八道자랑	1925년	차돌이 記	竹林이 유명하고 濟州橘, 靈光굴비, 靈岩찬빗, 全州누른밥, 淳昌고초장, 羅州소반, 錦山인삼—그것이 다—全朝鮮이 아는 명물이요. 그리고 全羅道人의 교제술이란 참 유명하지오.		淳昌고초장	
개벽 64호 全羅北道踏查記	1925년	거상찬(車相瓚)	此外에 淳昌(紙物 及 고초장 名地), 長水(義妓 論介 出生地, 石器産地), 扶安(邊山木材 多産), 高敞, 鎭安, 任實 등은 후일에 讓하고 略한다.		淳昌고초장	特派員
개벽 66호 京城雜	1926년	이돈화(李敦化)	當局에서는 押收를 잘한다하닛가 兒孩들 苦草장 먹듯이 억개 바람이 낫는지 新興靑年會의 壁新聞까지 또 押收하얏다. 이것이야말로 참 壁窓戶의 일이다.		苦草장	
별건곤 30호 학허·풍자·기발 신부후보자 전람회	1930년	雙S 主催	그러고 결혼하면 자긔 손으로 살님을 할 니가 업지만은 한다 해도 자긔 몸에 해롭다고 고추장찌개나 고춧가루는 니웃집에서도 못 먹게 할 것이다.		고추장	謔謔·諷刺·奇拔 新婦候補者 展覽會
삼천리 제11권 제1호, 관국시정기(觀菊詩筵記)	1939년	최의순(崔義順)	준비해 놓았던 붕어조림 새우뭇침 복근고초장 보탕들의 항아리를 쌓들고 컴컴한데 인사차로 뒤따라 나오는 여승들의 모양이 몹시도 고적해 보였다.		고초장	
별건곤 제12호 外國에 가서 생각나는 朝鮮 것으로 衣食住 그리고 山川	1928년	유경(俞卿)	둘재로 음식에 대하야—중국 료리가 세계에 제일이라는 말도 잇지만은 내 생각대로는 중국 음식은 육류(肉類)가 너무 만히 들어서 먹은 후에 구미가 청신(淸新)치 못할 때에 제일 사모되기는 배추김치와 고초장이엇습니다."		고초장	
동광 제24호 버드나무 그늘(8월), 異域의 孤影	1931년	옥관빈(玉觀彬)	고향서 나온 도라지 한 뿌리에서도 고향의 흙 냄새가 나고 고추장 한 수깔에도 고향의 맑은 물 향기가 나는 것 같다.		고추장	
서울신문 (76회 생신에 李대통령 회고담)	1950년 3월 26일	이승만	내 선친께서는 본래 엄절하고 대범하신 분으로 아이들 보는데서 칭찬하면 못쓴다는 것이었다. 그날 저녁 내가 집에 돌아오니 저 밥상에 고추장찌개를 한 그릇 따로 놓고 모친께서 말씀하시기를 오늘은 내 마음이 기뻐 상금으로 고추장찌개를 준다고 하므로 나도 몹시 기뻤다.		고추장	

부록 4 음식디미방의 고추 표현

음식	현대음식명*	원문 표현	백두현역**	바른 번역
만두법	만두법(饅頭法)	호쵸 쳔쵸 ᄀᆞᄅᆞ	후추, 천초 가루	고추가루
상화법	상화법(霜花法)	호쵸ᄀᆞᄅᆞ	후춧가루	고추가루
슈교ᄋᆡ법	수교애법(물만두법)	호쵸ᄀᆞᄅᆞ	후춧가루	고추가루
히솜달호ᄂᆞᆫ 법	해삼(海蔘) 조리법	호쵸 ᄀᆞᄅᆞ	후춧가루	고추가루
약게젓	약게젓	호쵸 쳔쵸 교합ᄒᆞ여		고추당추 섞어서
별탕자릥이라	별탕(鼈湯)-자라탕 만드는 법	싱강이나 건강이나 호쵸, 쳔쵸, 초, 파 약념ᄒᆞ여 먹으라	생강,마른생강,후추, 산초, 식초, 파로 양념하여 먹는다	생강, 마른생강, 고추, 식초, 파로 양념하여 먹는다
대구겁질 누ᄅᆞ미	대구 껍질 누루미	호쵸 쳔쵸 ᄀᆞᄅᆞ 약념ᄒᆞ야	후추, 천초 가루로 양념하여	고추가루로 양념하여
싱치 ᄌᆞᆫ지히	평시(細)짠지	쳔쵸 호쵸 약념ᄒᆞ여	산초와 후추로 양념하여	고추로 양념하여
양슉	양숙(胖熟)-소의 삶는 법	호쵸 쳔쵸 약념ᄒᆞ여	후추, 천초로 양념하여	고추로 양념하여
연계씸	연계(軟鷄)찜-영계찜	싱강 호쵸 쳔쵸 ᄀᆞᄅᆞ 약념ᄒᆞ여	생강, 후추, 천초 가루로 양념하여	생강, 고추 가루로 양념하여
가뎨육	가제(家猪)육	후츄 ᄀᆞᄅᆞ	후춧가루	후춧가루
개쟝	개장(犬腸)-개순대	후쵸 쳔쵸 싱강, 초 계ᄌᆞ ᄒᆞ여	후추, 산초, 생강, 초와 겨자	고추, 생강, 식초, 계자
개쟝고지 느롬이	개장꼬지 누루디	후쵸 쳔쵸 싱강 ᄀᆞᄅᆞ	후추, 천초, 생강가루	고추, 생강가루
개쟝국 느롬이	개장국 누루미	싱강, 호쵸 쳔쵸 녀허 ᄒᆞ라	생강, 후추, 천초를 넣는다	생강, 고추를 넣는다
개쟝씸	개장찜	초 계ᄌᆞ 노코	초와 계자를 넣고	식초와 계자를 넣고
개쟝 곳ᄂᆞᆫ법	개장고는 법	호쵸 쳔쵸 녀허	후추, 천초를 넣어	고추를 넣어
셕뉴탕	석류탕(石榴湯)	후쵸 ᄀᆞᄅᆞ	후춧가루	후춧가루
슈어만도	숭어 만두	후츄롤 섯거	후추를 섞어	후추를 섞어
슈증계	수증계(水蒸鷄)-닭찜	호쵸ᄀᆞᄅᆞ	후춧가루	후춧가루
동화 느ᄅᆞ미	동아누르미	호쵸 ᄀᆞᄅᆞ 약념ᄒᆞ여 호쵸쳔쵸 약념ᄒᆞ여	후춧가루로 양념하여 후추, 천초로 양념하여	고춧가루로 양념하여
동화선	동아선	뿔제 쵸쳐ᄡᅳ라	쓸 때 초 쳐서 쓴다	쓸 때 초 쳐서 쓴다
동아돈치	동아돈채	계ᄌᆞ 초 지령	겨자, 초, 간장	계자, 식초, 간장
가지짐 외짐	가지찜 외찜	호쵸 쳔쵸 약념ᄒᆞ여	후추, 천초로 양념하여	고추로 양념하여
년근치	연근채(蓮根菜)	초 치라	조치라	식초 치라
잡치	잡채	건강 초강 호쵸	마른생강, 초강, 후추	마른생강, 초강, 고추

* 괄호 안의 한자는 경북대학교 출판부에서 삽입한 것으로 원 필사본에는 없음. ** 현대어 해석은 경북대학교 고전총서 10. 『음식디미방』, 경북대학교 출판부, 2003

부록 5 고문헌에 나오는 고추장의 효능

문헌	시기	저자	원문	내용	고추장 표현	증상
향약집성방(鄕藥集成方)	1433년 (세종 15)	권채(權採)·유효통(俞孝通)·노중례(盧重禮)·박윤덕(朴允德) 등	養老奉親書[鯽魚粥]治老人赤白痢刺痛不多食瘦瘦 鯽魚肉七兩 青粱米四合 橘皮末一分右相和煮作粥下五味椒醬葱調和空心	『양로봉친서(養老奉親書)』란 책에 붕어죽(鯽魚粥)은 노인의 적백리(赤白痢: 이질), 자통(刺痛: 통증), 부다식 위수(不多食 瘦瘦: 많이 먹지 못해 쇠약함)를 치료한다. (붕어죽 처방)은 붕어 고기 7냥, 청량미(생동찹쌀) 4홉, 귤피 가루 1분 우측의 것(세 가지)을 서로 섞어 삶아 죽을 만들고, 뒤에 오미고추장, 파를 조미(調味)한다. 공복에 (먹는다.)	椒醬	이질, 통증, 많이 먹지 못해 쇠약할 때
			[千金方]治大便祕塞不通 椒豉湯五升和猪膏三合灌之佳又無灰 濃酒半升鹽三錢鍊成如上法	[천금방] 대변이 막혀서 나오지 않는 것을 치료하는 신통한 처방 초시탕(椒豉湯) 5되와 돼지 기름 3홉을 부어 주면 좋다. 또 탄산이 없는 진한 술 반 되와 소금 3전을(더하여) 위의 방법과 같이 녹여 주면 된다.	椒豉	변비
의방유취(醫方類聚)	1445년 (세종 27)	한계희(韓繼喜), 임원준(任元濬), 권찬(權讚) 등	黃雌鶏餛飩方: 治老人脾胃氣弱, 不多食, 瘦瘦. 黃雌鶏肉五兩白麪七兩葱白二合, 切細右以切肉作餛飩, 下椒醬五味調和, 煮熟, 空心食之	황자계혼돈방: 노인의 비장과 위장의 기가 약한 것, 음식을 잘 먹지 못하는 것, 위수(瘦瘦: 몸이 위축되고 마름)를 다스린다. 황자계 고기 5냥, 밀가루 7냥, 대파 잘게 썬 것 2홉, 위의 것으로 고기를 썰어 혼돈을 만들어서 고추장에 담가 5미를 조화시키고 불로 쪄서 공복에 먹는다.	椒醬	비장과 위장의 기가 약할 때, 음식을 잘 먹지 못할 때, 몸이 위축되고 마를 때
			治大便祕塞不通神方: 猪羊膽無在, 以筒灌三合許, 令深入卽出矣. 出不盡, 須臾更灌. 一方加冬葵子汁和之亦妙. 又椒豉湯五升, 和猪膏三合灌之佳, 臨時易可得, 卽用之. 又煎蜜成煎, 如人指大, 深內穀道, 佳又 備急千金要方同. 上海本作"又佳". 無灰濃酒半升, 鹽三錢匕, 鍊成如一法.	대변이 막혀서 나오지 않는 것을 치료하는 신통한 처방: 돼지나 양의 쓸개즙을 대롱으로 3홉쯤 灌腸하여 깊이 들어가게 하면 곧 나온다. 다 나오지 않으면 잠시 뒤에 다시 관장한다. 一方에는 동규자의 즙을 섞어도 신통하다. 또한 초시 닷 되를 끓여 돼지기름 3홉을 섞어 관장하면 좋은데, 임시로 쉽게 구할 수 있으면 사용한다. 또한 꿀을 졸여 煎을 만들되 사람 손가락 크기와 같게 하여 穀道(대장과 항문)에 깊이 넣으면 역시 좋다.	椒豉	변비

문헌	시기	저자	원문	내용	고추장 표현	증상
식료찬요(食療纂要)	1460년(세조 6)	전순의(全循義)	治脾胃氣弱不多食瘦瘦 黃雄鷄肉五两白麪七两葱白細切二合切肉作餛飩下椒醬五味調和煮熟空心食之日一服益蔵府悅顔色健脾胃	비장과 위장의 氣가 허약하여 다식하지 못하여 중풍(中風)기에 몸이 야윔의 증상을 치료. 누런 수컷 닭고기 다섯 량,흰 밀가루 일곱 량, 파 밑동을 가늘게 썬 것 두 홉에, 잘게 썬 고기로 밀가루 반죽하여 만두처럼 만들어 고추장에 넣어, 오미(五味)가 조화되도록 잘 삶아서 공복에 먹는다. 하루에 한번 복용하면 오장과 육부가 유익해지며 안색도 좋아지고 비위(脾胃; 비장과 위장)가 건강해진다.	椒醬	비장과 위장의 기가 허약하고, 다식하지 못할 때, 중풍기에 몸의 야윔 증상을 치료할 때
의림촬요(醫林撮要)	?–1597년	양예수(楊禮壽, ?–1597)	黃雌雞餛飩 : 治老人脾胃氣弱不多食瘦瘦黃雌雞取肉四兩白麵七兩葱白二合右切和作餛飩下鹽椒醬味調和熟煮食	황자계혼돈: 노인의 비장과 위장의 기가 약한 것, 음식을 잘 먹지 못하는 것, 위수(瘦瘦; 몸이 위축되고 마름)를 다스린다. 황자계 고기 4냥, 밀가루 7냥, 대파 잘게 썬 것 2홉, 위의 것으로 고기를 썰어 혼돈을 만들어서 고추장에 담가 5미를 조화시키고 불로 쪄서 먹는다.	椒醬	비장과 위장의 기가 약하고, 음식을 잘 먹지 못하고, 몸이 위축되고 마를 때
사의경험방(四醫經驗方)	1608–1649년	이석한(李碩幹)·채득기(蔡得己)·박렴(朴濂)·허임(許任)	治瀉痢諸方脾胃氣冷痢白濃涕腰脊疼痛瘦弱無力鯽魚肉九兩切碎豉汁七合乾干末橘皮末各五戔以椒醬五味調和豉汁沸卽下鱠魚煮熟下二味空心日一服其效尤益	설사를 치료하는 처방. 비위의 기가 약하여 냉리가 농체(진한 콧물?)처럼 희고, 허리와 등뼈가 아프고 파리하며 약하여 힘이 없는 증상. 붕어 고기 9냥을 잘게 부순 것, 메주즙 7홉, 乾干 가루, 귤피 가루 각 5戔. 椒醬으로 五味를 調和하고 메주즙을 끓이고 鱠魚를 넣어 쪄서 익하고 二味를 넣어 空心에 하루 한 번 복용하면 그 효험이 더욱 늘어난다.	椒醬	설사, 비위의 기가 약하여 진한 콧물이 나고, 허리와 등뼈가 아프고, 힘이 없을 때

문헌	시기	저자	원문	내용	고추장 표현	증상
실험단방(實驗單方)	1709년	유이태(劉爾泰)	吐血及土疾與滂潮, 魚畓魚多得置缸中, 入王糠而久磨洗, 則皆白然後, 去頭尾, 但醋苦草漿, 調於魚畓魚膾, 封器, 置半食頃後,因飽食服溫酒. 若不飮酒, 白沸湯一器亦處. 如是數次服, 顯效	토혈(吐血)과 홍수나 조수로 인한 풍토병에는 미꾸라지를 많이 잡아 단지 속에 넣고 그 속에 왕겨(王糠)를 넣고 오랫동안 문질러 씻어주어 미꾸라지가 모두 하얗게 되는데, 머리와 꼬리를 떼어내고 다만 초고추장만 미꾸라지회에 섞어 그릇에 넣고 봉하여 반 식경 가량 두었다 배불리 먹고 따뜻한 술을 복용한다. 만약 술을 마시지 못하는 경우라면 맹물 끓인 물로 대체한다. 이와 같이 수차례 복용하면 효과가 난다.	醋苦草漿	토혈과 풍토병
			冷咳及他咳, 螺膾【우렁】以生淨洗, 但醋苦草漿飽食後, 服溫酒一二盃. 若不飮酒, 白沸湯一大接服	냉해(冷咳) 및 그 밖의 기침에는 우렁이를 회를 쳐서 먹는데, 살아 있는 것을 깨끗이 씻은 후 다만 초고추장[醋苦草漿]에만 찍어 배불리 먹고 따뜻한 술 한두 잔을 마신다. 술을 마시지 못하는 사람이라면 맹물 끓인 것 한 대접을 마신다.	醋苦草漿	냉해, 기침
승정원일기(承政院日記)	1754년(영조 30, 윤4월 14일)		鳳漢曰, 胡椒醬及煎全椒, 有補於口味, 請得入之。上曰, 入之。上曰, 胖熟入之, 則當進御慈殿 紅蛤除之, 烹熟以入, 可也。	홍봉한이 "고추장과 전초를 끓인 것이 입맛을 도우니 들이기를 청합니다."하니, 상께서 "들이도록 해라."하셨다. 상께서 "양숙을 들이거든, 자전께 올릴 때는 홍합을 빼고 삶아 익혀서 들여야 된다."하셨다.	胡椒醬	입맛을 돋우게 함
	1766년(영조 42, 2월 27일)		泰遠曰, 古椒醬開胃矣。	이태원이 "고추장이 위를 열어 입맛을 돋웁니다."하였다.	古椒醬	입맛을 돋우게 함
	1774년(영조 50, 2월 13일)		上曰, 食補然後似勝, 何物最好? 諸醫皆言其事可也。泰輿奏曰, 胡椒醬, 於補脾胃似宜矣。道炯奏曰, 乾雉細裂而進之, 則似宜矣。晦曰, 石魚亦好矣。	상께서 "음식으로 원기를 보충하고 나면 나을 듯한데, 무슨 음식이 제일 좋겠느냐? 여러 의관들이 저마다 그 일을 말하면 좋겠다."하셨다. 방태여가 아뢰기를 "고추장이 비위를 도우는 데 마땅할 듯합니다."하였다. 오도형이 아뢰기를 "말린 꿩고기를 잘게 찢어서 드시는 것이 마땅할 듯합니다."하였다. 신회는 "조기도 좋을 듯합니다."하였다.	胡椒醬	원기보충

문헌	시기	저자	원문	내용	고추장 표현	증상
승정원일기(承政院日記), 조선왕조실록(朝鮮王朝實錄)	1768년 (영조 44, 7월 28일)		松茸 · 生鰒 · 兒雉 · 苦椒枚醬, 有此四味則善飯, 以此觀之, 則口味非永老矣	송이 · 생복 · 아치 · 고추장 이 네 가지 맛이 있으면 밥을 잘 먹으니, 이로써 보면 입맛이 영구히 늙은 것은 아니다.	苦椒枚醬	원기보충
노상추일기(盧尙樞日記)	1822년 (순조 22, 7월 9일)	노상추(盧尙樞)	初九日辛巳, 朝三次泄下, 興得以鷄水粥進, 又服古椒醬水, 又服木瓜紫檀香生于[干]煎水, 直下而泄終不止, 悶悶	9일(신사), 아침에 여러 번 설사를 하여 興得이 鷄水粥을 올렸다. 또 古椒醬水를 마셨고, 또 木瓜, 紫檀香, 生干을 넣고 끓인 물을 마셨지만, 곧장 내려가고 설사는 끝내 멎지 않으니 괴롭다.	古椒醬	설사
	1826년 (순조 26, 8월 10일)	노상추(盧尙樞)	初十日己未, 朝陰晩暘. 自昨夜始有泄症, 因又嘔吐達宵未差, 及曉飮枯椒醬水半沙鉢, 嘔吐乃止, 至晩飮藿香正氣散二貼乃差, 午長孫明璹來候夕歸	10일(기미), 아침에 흐렸다가 저물녘에 맑아졌다. 어젯밤부터 泄症이 생겼는데, 그로 인해 또 구토가 났고 밤새도록 낫지 않다가 새벽에 枯椒醬水 반 사발을 마셨더니 구토가 멎었다. 저물녘에 藿香正氣散 두 첩을 마셨더니 병이 나았다. 午時에 長孫 明璹이 문후하러 왔다가 저녁에 돌아갔다.	枯椒醬	구토멈춤
의휘(宜彙)	1871년	금리산인(錦里散人, 1852–1919년)	始生時苦椒醬作餠 數三片火熏溫付候冷易付	(병증이) 처음 생겼을 때 고추장을 떡처럼 (엷고 편편하게) 만든 뒤, 두서너 조각을 불에 쬐어 따뜻하게 만들어 붙였다가 식은 뒤에 바꾸어 붙인다	苦椒醬	종기
봉남일기(鳳南日記)	1898년	변만기(邊萬基)	二月十六日 陰, 乳兒股腫, 又爲針破, 阜祚兒, 脂瘡針破, 附之苦草醬, 茂長梅山, 吳雅梅村客, 來吊, 校村和仁洞族長, 來吊	2월 16일 흐림. 젖먹이의 넓적다리에 종기가 생겨서 다시 침을 놓았고, 阜祚는 脂瘡이 생겨서 침을 놓고 그 자리에 고추장을 붙였다. 茂長 梅山의 吳雅와 梅村客이 조문하러 왔고, 校村 和仁洞의 族長께서 조문하려 오셨다.	苦草醬	종기가 생겼을 때
수진경험신방(袖珍經驗神方)	1912년	이인재(李麟宰)	痰牽, 苦椒醬一匕, 淸蜜一匕, 和水溫服, 一宿差.	담견, 고추장 1숟가락, 꿀 1숟가락을 물에 타서 따뜻하게 복용하면 하룻밤 지나 차도가 있다.	苦椒醬	담견: 담이 걸리는 경우